特高压换流站验收
作业指导书

辅助设备分册

国家电网有限公司直流技术中心　组编

中国电力出版社
CHINA ELECTRIC POWER PRESS

内 容 提 要

国家电网有限公司直流技术中心组织多名长期从事换流站工作的专业技术人员，编写《特高压换流站验收作业指导书 辅助设备分册》一书，本书包含了换流站 7 类关键设备，主要包括阀内水冷系统，阀外水冷系统，阀外风冷系统，消防系统，空调设备，视频、安防等辅助设施，接地极设备。

为确保验收工作顺利进行，本书梳理了验收流程，明确了各类设备验收主要环节、验收顺序；规定了验收标准，对关键验收步骤明确了量化验收指标并指出了验收依据；完善了验收方法，对具体试验、验收项目的操作步骤和方法进行了详细描述，具有较强的现场指导价值。

本书可供从事特高压直流输电运行、检修、管理等人员使用。

图书在版编目（CIP）数据

特高压换流站验收作业指导书. 辅助设备分册/国家电网有限公司直流技术中心组编. —北京：中国电力出版社，2023.11
ISBN 978-7-5198-8066-8

Ⅰ.①特… Ⅱ.①国… Ⅲ.①特高压输电－换流站－辅助系统－工程验收 Ⅳ.①TM63

中国国家版本馆 CIP 数据核字（2023）第 152855 号

出版发行：中国电力出版社
地　　址：北京市东城区北京站西街 19 号（邮政编码：100005）
网　　址：http://www.cepp.sgcc.com.cn
责任编辑：苗唯时　王蔓莉
责任校对：黄　蓓　于　维
装帧设计：张俊霞
责任印制：石　雷

印　　刷：三河市百盛印装有限公司
版　　次：2023 年 11 月第一版
印　　次：2023 年 11 月北京第一次印刷
开　　本：880 毫米×1230 毫米　横 16 开本
印　　张：13.25
字　　数：288 千字
定　　价：75.00 元

前　言

国家电网有限公司目前在运、在建直流换流站已超 70 座，"十四五""十五五"期间还将规划建设一批特高压直流工程，直流输电系统将迎来快速发展的新时期。验收工作是换流站送电前不容忽视的重要环节，是现场运维检修人员的"基本功"。高质量做好验收工作能够有效发现潜在设备隐患和预防事故发生，是提升直流系统运行可靠性的重要手段。

工欲善其事，必先利其器。在现有换流站"专业化支撑＋属地化运维"模式下，各换流站运维单位为确保验收工作有章可依、有序推进，通常结合现场设备情况和本单位运维检修经验，参照国家电网有限公司验收规范、反措等要求编制验收作业指导书，但因设备情况、运维经验的差异性，加之编写时间紧、编写难度大等客观因素，导致验收指导书存在标准不统一、内容不全面等问题。

国家电网有限公司直流技术中心作为专门从事直流技术支撑的专业机构，2019 年转型以来，积极做好支撑国家电网有限公司提升专业管理的"好助手"、服务基层解决技术难题的"活字典"。国家电网有限公司直流技术中心充分发挥平台作用和专业优势，按照贴近基层、贴近现场、贴近设备的工作思路，认真总结近年来吉泉、青豫、雅江、张北、陕武、白江、闽粤、白浙等换流站验收工作经验，充分考虑现场实际，梳理验收流程，完善验收方法，明确验收依据，编制《特高压换流站验收作业指导书》。

《特高压换流站验收作业指导书》共四个分册，本册为《辅助设备分册》，主要内容包括阀内水冷系统，阀外水冷系统，阀外风冷系统，消防系统，空调设备，视频、安防等辅助设施，接地极设备。

期望这套指导书的出版发行，能够为换流站开展验收工作提供借鉴和参考，为提升换流站验收质量略尽微薄之力。

由于编者水平有限，如有不妥之处，敬请批评指正。

编　者

目　录

第1章 阀内水冷系统

1.1 应用范围

本作业指导书适用于换流站交接试验和竣工验收工作，部分验收项目需根据实际情况提前安排，通过随工验收、资料检查等方式开展，旨在指导并规范现场验收工作。

1.2 规范依据

本作业指导书的编制依据并不限于以下文件：

1.《国家电网有限公司防止直流换流站事故措施及释义（修订版）》

2.《国家电网有限公司十八项电网重大反事故措施（修订版）》

3.《工业管道的基本识别色、识别符号和安全标识》(GB 7231—2003)

4.《高压直流输电换流阀水冷却设备》(GB/T 30425—2013)

5.《继电保护及二次回路安装及验收规范》(GB/T 50976—2014)

6.《电气装置安装工程质量检验及评定规程 第8部分：盘柜及二次回路接线施工质量检验》(DL/T 5161.8—2018)

7.《直流输电阀冷系统仪表检测导则》(DL/T 1582—2016)

8.《高压直流输电换流阀冷却系统技术规范》(Q/GDW 1527—2015)

9.《±1100kV特高压直流输电系统用换流阀冷却系统技术规范》(Q/GDW 11672—2017)

10.《换流站设备验收规范 第15部分：阀内水冷系统》(Q/GDW 11652.15—2016)

11.《±800kV换流站屏、柜及二次回路接线施工及验收规范》(Q/GDW 1224—2014)

12.《国家电网有限公司直流换流站验收管理规定 第15分册 阀内水冷系统验收细则》

13.《±800kV换流站施工质量检验规程 第7部分：屏、柜及二次回路接线施工质量检验》(Q/GDW 10217.7—2017)

1.3 验收方法

1.3.1 验收流程

阀内水冷系统设备专项验收工作应参照表1-3-1的内容顺序开展，并在验收工作中把握关键时间节点。

表 1-3-1

阀内水冷系统设备专项验收流程表

序号	验收项目	主要工作内容	参考工时	开展验收需满足的条件
1	阀内水冷系统屏柜常规验收	(1) 运行环境。 (2) 室内接地网及屏柜接地。 (3) 屏柜的安装。 (4) 屏、柜上的元件安装。 (5) 二次电缆接线。 (6) 光纤（光缆）。 (7) 封堵检查。 (8) 上电检查	30min/屏柜	(1) 室内屏柜安装完毕。 (2) 室内无任何土建施工。 (3) 设备可以带电
2	管道及阀门验收	(1) 管道材质、标识、外观验收。 (2) 阀门位置、功能验收。 (3) 管道法兰及阀门螺栓力矩验收	8h/阀组	(1) 阀冷系统管道及阀门安装完成，并完成管路内部清洗及外部清灰工作。 (2) 管道及阀门标记标识安装完成。 (3) 阀门自锁装置安装完成
3	传感器及表计验收	(1) 传感器通用检查。 (2) 温度传感器安装位置及测量值比对验收。 (3) 流量传感器安装位置及测量值比对验收。 (4) 液位传感器安装位置及测量值比对验收。 (5) 电导率传感器安装位置及测量值比对验收。 (6) 压力传感器安装位置及测量值比对验收。 (7) 表计检查。 (8) 反措执行情况排查	4h/阀组	传感器安装调试完成，相关数据已接入就地及运行人员工作站（Operator Work Station, OWS）后台，并传输正常
4	主水回路设备验收	(1) 主循环泵外观、功能验收。 (2) 脱气罐外观、功能验收。 (3) 电动三通阀、电动蝶阀外观、功能验收。 (4) 加热器外观、功能验收。 (5) 主过滤器外观、功能验收	16h/阀组	(1) 主水回路设备已安装完成，并完成清灰工作。 (2) 设备动力电源、控制电源均已安装调试完成
5	水处理回路设备验收	(1) 去离子系统外观、功能验收。 (2) 氮气稳压系统外观、功能验收。 (3) 补水装置外观、功能验收	6h/阀组	(1) 水处理回路设备已安装完成，并完成清灰工作。 (2) 设备动力电源、控制电源均已安装调试完成

序号	验收项目	主要工作内容	参考工时	开展验收需满足的条件
6	阀内冷控制保护系统验收	(1) 二次回路外观、布置验收。 (2) 直流电源配置功能验收。 (3) 系统控制功能验收。 (4) 系统保护功能验收。 (5) 断路器柜（动力柜）外观、布置验收	16h/阀组	(1) 控制保护系统二次回路均已安装完成，并完成屏柜内整理清灰工作。 (2) 控制保护系统调试完成
7	阀内水冷系统投运前检查	(1) 阀内水冷系统外观、管道及阀门、氮气稳压回路、水质、主过滤器、精密过滤器、补水装置、主循环泵、测量值、控制保护系统投运前检查。 (2) 阀内水冷系统启动检查	2h/阀组	(1) 所有验收完成后。 (2) 阀内冷系统投运前

1.3.2 验收问题记录清单

对于验收过程中发现的隐患和缺陷，应当按照表 1-3-2 进行记录，每日向业主项目部提报，并由专人负责跟踪闭环进度。

表 1-3-2   阀内水冷系统设备验收问题记录单

序号	设备名称	问题描述	发现人	发现时间	整改情况
1	极Ⅰ高端阀内水冷系统 P01 主循环泵电机	……	×××	××××年××月××日	……
2	……	……	……	……	……

1.4 阀内水冷系统屏柜常规验收标准作业卡

1.4.1 验收范围说明

本验收作业卡适用于换流站验收工作，验收范围包括阀内水冷系统所属二次屏柜及其附件。

1.4.2 验收准备工作

各阶段验收工作开展前，运检人员应当提前明确验收的时间、人员、仪器工具、图纸资料等，并至少在验收开展的前一天完成准备工作的确认。阀内水冷系统屏柜验收准备工作表见表1-4-1，阀内水冷系统屏柜验收工器具清单见表1-4-2。

表1-4-1 阀内水冷系统屏柜验收准备工作表

序号	项目	工作内容	实施标准	负责人	备注
1	时间安排	验收工作开展前，应当组织业主、厂家、施工、监理、运检人员现场联合勘查，在各方均认为现场满足验收条件后方可开展	（1）屏柜安装完成，并完成柜内清灰工作。 （2）屏柜内二次接线已完成，安装调试人员校线工作已完成。 （3）屏柜接地、封堵工作已完成		
2	人员安排	（1）如人员、车辆充足可组织多个验收组同时开展工作。 （2）每个验收组建议至少安排验收人员1人，厂家人员1人，施工单位1人，监理1人。 （3）验收组所有人员均在室内开展工作	验收前成立临时专项验收组，组织验收、施工、厂家、监理人员共同开展验收工作		
3	工具安排	验收工作开展前，准备好验收所需仪器仪表、工器具、安全防护用品、验收记录材料、相关图纸及相关技术资料	（1）仪器仪表、工器具、安全防护用品应试验合格，满足本次施工的要求。 （2）验收记录材料、相关图纸及相关技术资料齐全并符合现场实际情况		
4	验收交底	根据本次作业内容和性质确定好检修人员，并组织学习本作业卡	要求所有工作人员都明确本次工作的作业内容、进度要求、作业标准及安全注意事项		

表1-4-2 阀内水冷系统屏柜验收工器具清单

序号	名称	型号	数量	备注
1	万用表	—	1台	
2	螺丝刀	—	每人1把	
3	游标卡尺	—	1个	
4	绝缘电阻表	—	1台	

1.4.3 验收检查记录表格

直流控制保护系统屏柜验收检查记录表见表 1-4-3。

表 1-4-3　　　　　　　　　　　　直流控制保护系统屏柜验收检查记录表

序号	验收项目	验收方法及标准	验收结论（√或×）	备注
1	运行环境	屋顶、楼板施工完毕，不得渗漏		《±800kV 换流站屏、柜及二次回路接线施工及验收规范》（Q/GDW 1224—2014）
2		室内地面工作应基本结束，室内沟道应无积水、杂物		
3		门窗应安装完毕		
4		对可能损坏或影响到已安装设备的装饰施工全部结束		
5		照明及动力设施安装完毕，投入使用		
6		装有空调或通风装置等设施的建筑工程，相关设施应安装完毕、并投入使用，且小室环境温、湿度适中		
7		主机（装置）所在设备小室干净、整齐，清洁度好		
8		屏柜安装时如运行环境差可在控保小室内加装空气净化器，二次设备安装结束后应及时做好防尘措施，防止灰尘原因影响保护装置正常运行		《国家电网有限公司十八项电网重大反事故措施（修订版）》
9	室内接地网及屏柜接地	室外电缆沟内等电位接地铜绞线引入控制、保护室时，应与控制、保护室内的等电位接地网一起在电缆入口处与主接地网一点连接，当有多个电缆沟入口时，各入口电缆沟内的接地铜绞线应经室内电缆沟汇集至其中一个适当的电缆入口后与主接地网一点连接，接地点与室内等电位接地网引出的 4 根接地铜缆与主接地网的接地点布置在同一处		根据基建进度开展随工验收
10		主控楼、辅控楼二次设备间和通信机房的活动地板、继电器室电缆桥架或电缆沟支架使用不小于 $100mm^2$ 的铜排（缆）敷设室内二次等电位接地网，二次等电位接地网按屏柜布置的方向首末端连接成环后用 4 根并联的 $50mm^2$ 的铜排（缆）在就近电缆竖井或电缆沟入口与主接地网一点可靠连接		《国家电网有限公司防止换流站事故措施及释义（修订版）》
11		二次屏柜下部应设有截面积不小于 $100mm^2$ 的接地铜排，此接地铜排不与屏柜绝缘。屏柜上装置的接地端子应采用截面积不小于 $4mm^2$ 的多股铜线和接地铜排相连。接地铜排应采用截面积不小于 $50mm^2$ 的铜缆与保护室下层的等电位网相连。屏柜接地电阻小于 0.5Ω		《继电保护及二次回路安装及验收规范》（GB/T 50976—2014）

序号	验收项目	验收方法及标准	验收结论（√或×）	备注
12	室内接地网及屏柜接地	室内二次等电位接地网通过不小于 100mm² 的铜缆与室内一次设备就地端子箱内部的二次接地铜排连接		《国网直流部关于印发换流站二次接地设计规范讨论会议纪要的通知》（〔2017〕106 号）
13		同一建筑物内同一楼层内不同小室之间的等电位地网用 4 根 50mm² 的铜缆经电缆沟/电缆桥架/埋管可靠连接		
14		同一建筑物内各楼层的等电位地网用 4 根 50mm² 的铜缆经就近电缆竖井与主接地网可靠连接，也可以将各层等电位网连接起来后只在第一层处通过一点接主接地网		
15		铜排与铜排（室内二次等电位地网构建时）、铜排与铜缆（端子箱/控制保护柜与电缆沟/电缆桥架中的接地铜排连接时、室内等电位铜排引出 4 根接地电缆时）用螺栓连接，接地铜缆/铜排与主接地网的焊接采用放热焊。接地体间搭接焊或采用螺栓连接时，其搭接长度不应小于截面的 2 倍		
16		安装在通信室的保护专用光电转换设备与通信设备间应使用屏蔽电缆，并按照敷设等电位接地网的要求，沿这些电缆敷设截面积不小于 100mm² 的铜排（缆）可靠地与通信设备的接地网紧密连接		《继电保护及二次回路安装及验收规范》（GB/T 50976—2014）
17		保护屏柜和继电保护装置，包括继电保护接口屏和接口装置、收发信机，其本体应设有专用的接地端子，装置机箱应构成良好的电磁屏蔽体，并使用截面积不小于 4mm² 的多股铜质软导线可靠连接至屏柜内的接地铜排上。继电保护接口装置电源的抗干扰接地应采用截面积不小于 2.5mm² 的多股铜质软导线单独连接接地铜排，2M 同轴线屏蔽地应在装置内可靠连接外壳		
18		屏柜内的交流供电电源的中性线（零线）不应接入等电位接地网		
19		直流电源系统绝缘监测装置的平衡桥和检测桥的接地端不应接入保护专用的等电位接地网		
20		屏柜内接地线压接紧固，单个接地线鼻子压接芯数不超过 6 芯		《国家电网公司十八项电网重大反事故措施》(2018 年版)（修订版）编制说明
21		屏柜底部接地铜排与接线鼻子连接，单个螺栓连接不超过 2 个线鼻子		《电气装置安装工程质量检验及评定规程　第 8 部分：盘柜及二次回路接线施工质量检验》（DL/T 5161.8—2018）

序号	验收项目	验收方法及标准	验收结论（√或×）	备注
22	屏柜的安装	基础型钢安装后，其顶部宜高出最终地面 10mm。基础型钢应有明显且不少于两点的可靠接地		
23		屏柜安装在振动场所，应按设计要求采取减振措施。屏柜间及屏柜上的设备与各构件间连接应牢固。屏柜与基础型钢应采用螺栓连接		《±800kV 换流站屏、柜及二次回路接线施工及验收规范》(Q/GDW 1224—2014)
24		设备安装用的紧固件应采用镀锌制品，并宜采用标准件		
25		屏柜门应开关灵活、上锁方便。前后门及边门应采用截面积不小于 4mm^2 的多股铜线，并与屏体可靠连接。保护屏的两个边门不应拆除		《继电保护及二次回路安装及验收规范》(GB/T 50976—2014)
26		屏柜顶部应无通风管道，对于屏柜顶部有通风管道的，屏柜顶部应装有防冷凝水的挡水隔板		《国家电网公司直流换流站验收通用管理规定 第 13 分册 直流控制保护系统验收细则》
27	屏、柜上的元件安装	屏柜上的电器安装应符合下列要求： (1) 屏柜内电器元件质量应良好，型号、规格应符合设计要求，外观应完好，附件应齐全，排列应整齐，固定应牢固，密封应良好。 (2) 电器单独拆、装、更换不应影响其他电器和导线束的固定。 (3) 发热元件宜安装在散热良好的地方，并应与线缆保持一定的距离。两个发热元件之间的连线应采用耐热导线。 (4) 熔断器的规格、断路器的参数应符合设计及级差配合要求。 (5) 直流回路中应使用具有自动脱扣功能的直流断路器，不应使用交流断路器和交、直流两用断路器。 (6) 信号回路的声、光、电信号等应正确，工作应可靠。 (7) 屏柜上装置性设备或其他有接地要求的电器，其外壳应可靠接地。 (8) 带有照明的屏柜，照明应完好。 (9) 屏上所有裸露的带电器件间距均应大于 3mm		《国家电网公司直流换流站验收通用管理规定 第 13 分册 直流控制保护系统验收细则》

序号	验收项目	验收方法及标准	验收结论（√或×）	备注
28	屏、柜上的元件安装	端子排的安装应符合下列要求： （1）端子排应无损坏，固定应牢固，绝缘应良好。 （2）端子应有序号，端子排应便于更换且接线方便。 （3）交、直流端子应分段布置。 （4）强、弱电端子应分开布置，当有困难时，应有明显标志，并应设空端子隔开或者设置绝缘的隔板。 （5）正、负电源之间以及经常带电的正电源与合闸或跳闸回路之间，应以空端子或绝缘隔板隔开。 （6）交流电流、交流电压回路应经过试验端子，其他需断开的回路宜经特殊端子或试验端子。试验端子应接触良好。 （7）潮湿环境宜采用防潮端子。 （8）接线端子应与导线截面匹配，不应使用小端子配大截面导线		《±800kV换流站屏、柜及二次回路接线施工及验收规范》（Q/GDW 1224—2014）
29		保护屏上各压板、扳手、按钮应安装端正、牢固，并应符合以下要求： （1）穿过保护屏的压板导电杆应有绝缘套，并与屏孔保持足够的安全距离。压板在拧紧后不应接地。 （2）压板紧固螺丝和紧线螺丝应紧固。 （3）压板应接触良好，相邻压板间应有足够的安全距离，压板应从上端打开，切换时不应碰及相邻的压板。 （4）保护跳、合闸出口压板与失灵回路相关压板采用红色，功能压板采用黄色，其他压板采用浅驼色。 （5）压板应注明用途，字迹清晰		《继电保护及二次回路安装及验收规范》（GB/T 50976—2014）
30	二次电缆接线	二次回路接线应符合下列要求： （1）应按有效图纸施工，接线应正确，配线应整齐、清晰、美观，导线绝缘应良好。 （2）导线与电气元件间应采用螺栓连接、插接、焊接或压接等，且均应牢固可靠。 （3）屏柜内的导线不应有接头，芯线应无损伤。 （4）多股软线与端子、设备连接时，应压接相应规格的终端附件（冷压接端头）。		《±800kV换流站屏、柜及二次回路接线施工及验收规范》（Q/GDW 1224—2014）

序号	验收项目	验收方法及标准	验收结论（√或×）	备注
30	二次电缆接线	（5）电缆芯线和所配导线的端部均应标明其回路编号，编号应正确，字迹应清晰且不易褪色。 （6）保护屏、柜端子排一个端子的每一端只准许接1根导线，其他屏、柜一个端子的每一端接线宜为1根，不应超过2根。对于插接式端子，不同截面的两根导线不应接在同一端子上，插入的导线芯线剥除绝缘层的长度适中，防止紧固后芯线导体外露或紧在绝缘层上，安装后引线裸露部分不大于5mm。对于螺栓连接端子，需将剥除绝缘层的芯线弯圈，弯圈的方向为顺时针，弯圈的大小与螺栓匹配，当接两根导线时，中间应加平垫。 （7）接线应采用铜质或有电镀金属防锈层的螺栓紧固，且应有防松装置。 （8）控制信号端子排短接片不宜使用多孔短接片剪切加工，防止端子放电导致故障。 （9）备用芯预留长度应至屏、柜顶部或线槽末端，并加装防护帽及标识。 （10）双绞线电缆安装时应保持双绞状态接入端子排，不应提前打开双绞状态改为平行状态。 （11）可动部位的导线应采用多股软导线，并留有一定长度裕量，线束应有外套塑料管等加强绝缘层，避免导线产生任何机械损伤，同时还应有固定线束的措施。 （12）交流电流和交流电压回路、不同交流电压回路（包括来自开关场电压互感器二次的四根引入线和电压互感器开口三角绕组的两根引入线）、交流和直流回路、强电和弱电回路均应使用独立的电缆。 （13）冗余系统的电流回路、电压回路、直流电源回路、双跳闸绕组的控制回路等，不应合用一根多芯电缆。 （14）交流电压回路，当接入全部负荷时，电压互感器到继电保护和安全自动装置的电压降不应超过额定电压的3%。 （15）操作回路的电缆芯线，应满足正常最大负荷情况下电源引出端至各被操作设备端的电压降不超过电源电压的10%。 （16）打印机的电源线不应与低频的信号线捆扎在一起		《±800kV换流站屏、柜及二次回路接线施工及验收规范》（Q/GDW 1224—2014）
31		屏、柜内芯线标准应符合下列要求： （1）主机（装置）的直流电源、交流电流、电压及信号引入回路应采用屏蔽阻燃铠装电缆。 （2）屏内配线应采用绝缘等级不低于500V的铜芯绝缘导线。		《国家电网公司直流换流站验收通用管理规定》

序号	验收项目	验收方法及标准	验收结论（√或×）	备注
31	二次电缆接线	（3）电流互感器、电压互感器及断路器跳闸回路的导线截面积不应小于 2.5mm²。 （4）用于计量的二次电流回路，其导线截面积不应小于 4mm²。 （5）一般控制回路截面积不应小于 1.5mm²。 （6）弱电回路在满足载流量和电压降及有足够机械强度的情况下，可采用截面积不小于 0.5mm² 的绝缘导线		《国家电网公司直流换流站验收通用管理规定》
32		二次回路抗干扰与接地要满足如下要求： （1）不应使用电缆内的备用线芯替代屏蔽层接地。 （2）继保小室与通信室之间信号使用电缆传输时，应采用双绞双屏蔽电缆，屏蔽层应在两端可靠接地。 （3）保护、控制用电缆与电力电缆不应同层敷设，且间距应符合设计要求。 （4）保护及控制装置中 24V 电源不允许引出屏外		（1）《±800kV换流站屏、柜及二次回路接线施工及验收规范》（Q/GDW 1224—2014）。 （2）《±800kV换流站施工质量检验规程　第7部分：屏、柜及二次回路接线施工质量检验》
33	光纤（缆）	光缆敷设的弯曲半径应符合产品技术文件的规定，当无规定时，无铠装光缆的最小静态弯曲半径应不小于光缆外径的 10 倍，动态弯曲半径不小于光缆外径的 20 倍。铠装光缆的最小静态弯曲半径应不小于光缆外径的 15 倍，动态弯曲半径不应小于光缆外径的 30 倍		《±800kV换流站屏、柜及二次回路接线施工及验收规范》（Q/GDW 1224—2014）
34		光缆在两端装设光缆标志牌，标志牌上应写明光缆型号、规格和起止地点，标志牌字迹应清晰不易脱落		
35		光纤外护层完好，无破损		
36		光缆走向与敷设方式应符合施工图纸要求		
37		应进行光纤衰耗测试检查并记录在交接试验报告中，光纤衰耗测试应包括在用光纤和备用光纤，测试记录中应含光纤起点、终点、光纤编号及衰耗值、测试仪器型号。光纤单点双向平均熔接衰耗值应小于 0.05dB，光纤活动连接器插入损耗不大于 0.5dB		《±800kV换流站屏、柜及二次回路接线施工及验收规范》（Q/GDW 1224—2014）
38		光纤熔接盘内接续光纤单端盘留量不少于 600mm，弯曲半径应大于 30mm，盘纤应整齐有序		《±800kV换流站屏、柜及二次回路接线施工及验收规范》（Q/GDW 1224—2014）

序号	验收项目	验收方法及标准	验收结论（√或×）	备注
39	光纤（缆）	光纤尾纤应无扭曲打绞现象，弯曲半径应大于光纤外径 15 倍，尾纤弯曲直径不应小于 100mm，尾纤自然悬垂长度不宜超过 300mm，应采用软质材料固定，且不应固定过紧		
40		光纤尾纤不应在电缆槽盒内折叠。应将光纤尾纤盘圈后采用悬挂或盘放的方式固定在槽盒外牢固点		
41	封堵	屏柜内底部应安装防火挡板，电缆缝隙、孔洞应使用防火堵料进行封堵，密封良好，美观大方		
42	上电检查	检查断路器、隔离开关、接地刀闸等开关量数据后台指示与现场一致		
43		上电 24h 后进行屏内红外测温，检查设备状态		《国家电网公司变电检测管理规定（试行）第 1 分册 红外热像检测细则》
44		屏内无异常告警，各指示灯指示运行正常		
45		屏内无异常声响		
46		使用手电筒检查风扇均已正常运行		
47		交换机指示灯与现场接线状态匹配		
48		服务器、合并单元等存在大量发热的设备，带电运行后屏柜整体温度适宜		
49		屏柜内如配置有自动温度控制系统，风扇或加热器控制功能正常		

1.4.4 验收记录表格

在工作中对于重要的内容进行专项检查记录，并留档保存，阀内水冷系统屏柜验收记录表见表 1-4-4。

表 1-4-4 阀内水冷系统屏柜验收记录表

设备名称	验收项目								验收人
	运行环境	室内接地网及屏柜接地	屏柜的安装	屏、柜上的元件安装	二次电缆接线	光纤（缆）	封堵	上电检查	
极Ⅰ高端阀内水冷系统									
极Ⅰ低端阀内水冷系统									
极Ⅱ高端阀内水冷系统									
极Ⅱ低端阀内水冷系统									
……									

1.4.5 检查评价表格

对工作中检查出的问题进行汇总记录，并进行验收评价，留档保存。阀内水冷系统屏柜验收评价表见表 1-4-5。

表 1-4-5 阀内水冷系统屏柜验收评价表

检查人	×××	检查日期	××××年××月××日
存在问题汇总			

1.5 阀内水冷系统管道及阀门验收标准作业卡

1.5.1 验收范围说明

本验收作业卡适用于换流站验收工作，验收范围包括双极高、低端阀内水冷系统管道及阀门。

1.5.2 验收准备工作

各阶段验收工作开展前，运检人员应当提前明确验收的时间、人员、机具、仪器工具、图纸资料等，并至少在验收开展的前一天

完成准备工作的确认。

阀内水冷系统管道及阀门验收准备工作表见表 1-5-1，验收工器具清单见表 1-5-2。

表 1-5-1　　　　　　　　　　　　　　　　**阀内水冷系统管道及阀门验收准备工作表**

序号	项目	工作内容	实施标准	负责人	备注
1	时间安排	验收工作开展前，应当组织业主、厂家、施工、监理、运检人员现场联合勘查，在各方均认为现场满足验收条件后方可开展	（1）阀冷系统管道及阀门安装完成，并完成管路内部清洗及外部清灰工作。 （2）管道及阀门标记标识安装完成。 （3）阀门自锁装置安装完成		
2	人员安排	（1）如人员充足可组织多个验收组同时开展工作。 （2）每个验收组建议至少安排验收人员 1 人，厂家人员 1 人，施工单位 1 人，监理 1 人	验收前成立临时专项验收组，组织验收、施工、厂家、监理人员共同开展验收工作		
3	机具安排	验收工作开展前，准备好验收所需机具、仪器仪表、工器具、安全防护用品、验收记录材料、相关图纸及相关技术资料	（1）机具、仪器仪表、工器具、安全防护用品应试验合格，满足本次施工的要求。 （2）验收记录材料、相关图纸及相关技术资料齐全并符合现场实际情况		
4	验收交底	根据本次作业内容和性质确定好检修人员，并组织学习本作业卡	要求所有工作人员都明确本次工作的作业内容、进度要求、作业标准及安全注意事项		

表 1-5-2　　　　　　　　　　　　　　　　**阀内水冷系统管道及阀门验收工器具清单**

序号	名称	型号	数量	备注
1	安全带	—	2 套	
2	力矩扳手	—	1 套	
3	内六角螺丝刀	—	1 套	
4	便携式手电筒	—	2 支	
5	记号笔	—	2 支	

1.5.3 验收检查记录表格

阀内水冷系统管道及阀门验收检查记录表见表1-5-3。

表1-5-3　　　　　　　　　　　　　　阀内水冷系统管道及阀门验收检查记录表

序号	验收项目	验收方法及标准	验收结论（√或×）	备注
1	管道材质、标识、外观验收	主水回路介质及流向等标识应正确，管道及阀门运行编号标识清晰可识别		《工业管道的基本识别色、识别符号和安全标识》（GB 7231—2003）
2		与冷却介质接触的各种材料表面不应发生腐蚀。金属材料应采用不锈钢AI-SI304L及以上等级的耐腐蚀材料并具有足够强度，应保证至少40年的设计寿命		《高压直流输电换流阀冷却系统技术规范》（Q/GDW 1527—2015）
3		管道表面及连接处应无裂纹、无锈蚀，表面不得有明显凹陷。焊缝无明显夹渣、疤痕或砂眼，提供完整的焊缝检验合格报告		
4		在寒冷地区，应采取可靠有效的措施（如设置电加热器、添加防冻剂、设置电动三通回路等）以防止室内外设备及管道内的冷却介质在冬季直流系统停运时冻结		
5		管道本体表计安装处应密封良好，无渗漏		
6	阀门位置、功能验收	阀门位置应正确，无松动，阀冷系统各类阀门应装设位置指示和阀门闭锁装置，防止人为误动阀门或阀门在运行中受振动发生变位，引起保护误动		《国家电网有限公司防止换流站事故措施及释义（修订版）》
7		检查内冷水自动排气阀设置在系统最高点，通常直流阀厅顶部管道为系统最高点，自动排气阀需设置在阀厅顶部主管道上，并采用不锈钢管引至阀冷设备间内		《国家电网有限公司防止换流站事故措施及释义（修订版）》
8	管道法兰及阀门螺栓力矩验收	管道应在工厂预制，现场组装，管道之间采用法兰连接，不允许现场焊接。法兰处各螺栓应受力均匀、紧固，管道无变形、扭曲		
9		确认阀冷却系统管道法兰螺栓力矩安装正确，力矩线标记清晰，符合阀冷却系统设计要求，对螺栓进行力矩检查，确保力矩均匀、避免漏水		《高压直流输电换流阀冷却系统技术规范》（Q/GDW 1527—2015）
10		按照技术规范要求对管道及阀门开展压力试验，试验压力应大于或等于设计压力的1.5倍，试验时间1h，设备及管道应无破裂或渗漏现象（试验时，短接与换流阀塔连接处的管道）		《高压直流输电换流阀水冷却设备》（GB/T 30425—2013）

1.5.4 验收记录表格

在工作中对于重要的内容进行专项检查记录，并留档保存。阀内水冷系统管道及阀门验收记录表见表1-5-4，阀内水冷系统阀门状态验收表见表1-5-5，阀内水冷系统螺栓力矩检查表见表1-5-6。

表 1-5-4　　　　　　　　　　　　　　　阀内水冷系统管道及阀门验收记录表

设备名称	验收项目			验收人
	管道材质、标识、外观验收	阀门位置、功能验收	管道法兰及阀门螺栓力矩验收	
极Ⅰ高端阀内水冷系统				
极Ⅰ低端阀内水冷系统				
极Ⅱ高端阀内水冷系统				
极Ⅱ低端阀内水冷系统				
……				

表 1-5-5　　　　　　　　　　　　　　　阀内水冷系统阀门状态验收表

序号	阀门编号	名称规格	状态	检查项目	验收结论（√或×）
1	V101	止回阀	方向正确	方向指示正确	
2	V102	止回阀	方向正确	方向指示正确	
3	V103	涡轮蝶阀	常开	检查阀门状态为常开	
4	V104	涡轮蝶阀	常开	检查阀门状态为常开	
5	……	……	……	……	

表 1-5-6 阀内水冷系统螺栓力矩检查表

序号	位置	名称	螺栓规格	力矩	复查力矩（100％）	验收结论（√或×）
1	主回路	主泵止回阀法兰	M24×300	260N·m	80％	
2		主泵出口法兰	M24×95	260N·m	80％	
3		主泵出口涡轮蝶阀法兰	M24×150	260N·m	80％	
4		主泵波纹补偿器连接螺栓	M24×110	260N·m	80％	
5	水处理回路	精密过滤器进出口法兰	M16×70	80N·m	80％	
6		精密过滤器安装法兰	M20×90	240N·m	80％	
7	……	……	……	……	……	

1.5.5 检查评价表格

对工作中检查出的问题进行汇总记录，并进行验收评价，留档保存。阀内水冷系统管道及阀门验收评价表见表 1-5-7。

表 1-5-7 阀内水冷系统管道及阀门验收评价表

检查人	×××	检查日期	××××年××月××日
存在问题汇总			

1.6 阀内水冷系统传感器验收标准作业卡

1.6.1 验收范围说明

本验收作业卡适用于换流站验收工作，验收范围包括双极高、低端阀内水冷系统传感器及表计。

1.6.2 验收准备工作

各阶段验收工作开展前，运检人员应当提前明确验收的时间、人员、机具、仪器工具、图纸资料等，并至少在验收开展的前一天完成准备工作的确认。阀内水冷系统传感器及表计验收准备工作表见表 1-6-1，验收工器具清单见表 1-6-2。

表 1-6-1 阀内水冷系统传感器及表计验收准备工作表

序号	项目	工作内容	实施标准	负责人	备注
1	时间安排	验收工作开展前，应当组织业主、厂家、施工、监理、运检人员现场联合勘查，在各方均认为现场满足验收条件后方可开展	传感器安装调试完成，相关数据已接入就地及 OWS 后台，并传输正常		
2	人员安排	(1) 如人员充足可组织多个验收组同时开展工作。 (2) 每个验收组建议至少安排验收人员1人，厂家人员1人，施工单位1人，监理1人	验收前成立临时专项验收组，组织验收、施工、厂家、监理人员共同开展验收工作		
3	机具安排	验收工作开展前，准备好验收所需机具、仪器仪表、工器具、安全防护用品、验收记录材料、相关图纸及相关技术资料	(1) 机具、仪器仪表、工器具、安全防护用品应试验合格，满足本次施工的要求。 (2) 验收记录材料、相关图纸及相关技术资料齐全并符合现场实际情况		
4	验收交底	根据本次作业内容和性质确定好检修人员，并组织学习本作业卡	要求所有工作人员都明确本次工作的作业内容、进度要求、作业标准及安全注意事项		

表 1-6-2 阀内水冷系统传感器及表计验收工器具清单

序号	名称	型号	数量	备注
1	安全带	—	2套	
2	活口扳手	—	1套	
3	内六角螺丝刀	—	1套	
4	4~20mA 钳形电流表	—	1台	
5	万用表	—	1台	
6	一字螺丝刀	—	1把	

1.6.3 验收检查记录表格

阀内水冷系统传感器及表计验收检查记录表见表 1-6-3。

表 1-6-3 **阀内水冷系统传感器及表计验收检查记录表**

序号	验收项目	验收方法及标准	验收结论 (√或×)	备注
1	通用检查	传感器量程应符合实际需求，传感器应具备第三方检测报告		
2		传感器的装设位置和安装工艺应便于维护		
3		传感器表面清洁，电缆接头、接线盒密封良好		
4		核对传感器接线盒、端子排接线与竣工图纸保持一致，后台显示传感器编号与其就地编号匹配		
5	温度传感器	阀进出口温度传感器应装设在阀厅外		
6		同一测点的温度测量值相互比对差异不应超过±0.3℃		《高压直流输电换流阀冷却系统技术规范》(Q/GDW 1527—2015)
7	流量传感器	同一测点的流量测量值相互比对差异不应超过流量仪表量程的3%		《直流输电阀冷系统仪表检测导则》(DL/T 1582—2016)
8		流量传感器应装设在阀厅外，便于巡视和不停电消缺		
9	液位传感器	同一测点的液位测量值相互比对差异不应超液位计量程的3%		《直流输电阀冷系统仪表检测导则》(DL/T 1582—2016)
10		装设位置应便于维护，满足故障后不停运直流而进行检修及更换的要求		
11	电导率传感器	同一测点的电导率测量值相互比对差异不应超过报警定值的30%		
12		电导率传感器应工作正常		《国家电网有限公司防止换流站事故措施及释义（修订版）》
13	压力传感器	同一测点的压力测量值相互比对差异不应超过压力仪表量程的3%		《直流输电阀冷系统仪表检测导则》(DL/T 1582—2016)
14	表计	阀冷却系统设备出厂前应对所有仪表进行校验，应提供相关资质部门出具的校验合格证或报告		
15		同一测点的表计与系统显示测量值一致		
16		表计外观清洁，管道本体表计安装处应密封良好，无渗漏		

序号	验收项目	验收方法及标准	验收结论 (√或×)	备注
17	反措执行情况	所有传感器必须至少双重化配置,其中流量、阀进水温度、膨胀罐液位、进阀压力传感器应三重化配置,双重化或三重化配置的传感器的供电和测量回路应完全独立,避免单一元件故障引起保护误动		
18		阀内冷控制系统若三重化配置传感器,采样值应按"三取二"原则处理,即三个传感器均正常时,取采样值中最接近的两个值参与控制。当一个传感器故障,两个传感器正常时,按"二取一"原则,取不利值参与控制。当仅有一个传感器正常时,以该传感器采样值参与控制		
19		传感器的装设位置和安装工艺应便于维护,除流量传感器外,其他仪表及变送器与管道之间应采取隔离措施		
20		传感器应具有自检功能,传感器故障或测量值超范围时应能自动提前退出运行,而不会导致保护误动		

1.6.4 验收记录表格

在工作中对于重要的内容进行专项检查记录,并留档保存,阀内水冷系统传感器验收记录表见表1-6-4。

表1-6-4　　　　　　　　　　　　　　阀内水冷系统传感器验收记录表

设备名称	验收项目							验收人
	通用检查	温度传感器	流量传感器	液位传感器	电导率传感器	压力传感器	反措执行情况	
极Ⅰ高端阀内水冷系统								
极Ⅰ低端阀内水冷系统								
极Ⅱ高端阀内水冷系统								
极Ⅱ低端阀内水冷系统								

1.6.5 检查评价表格

对工作中检查出的问题进行汇总记录，并进行验收评价，留档保存，阀内水冷系统传感器验收评价表见表1-6-5。

表1-6-5　　　　　　　　　　　　　　　阀内水冷系统传感器验收评价表

检查人	×××	检查日期	××××年××月××日
存在问题汇总			

1.7 阀内水冷系统主水回路设备验收标准作业卡

1.7.1 验收范围说明

本验收作业卡适用于换流站验收工作，验收范围包括双极高、低端阀内水冷系统主水回路设备。

1.7.2 验收准备工作

各阶段验收工作开展前，运检人员应当提前明确验收的时间、人员、机具、仪器工具、图纸资料等，并至少在验收开展的前一天完成准备工作的确认。阀内水冷系统主水回路设备验收准备工作表见表1-7-1，验收工器具清单见表1-7-2。

表1-7-1　　　　　　　　　　　　　阀内水冷系统主水回路设备验收准备工作表

序号	项目	工作内容	实施标准	负责人	备注
1	时间安排	验收工作开展前，应当组织业主、厂家、施工、监理、运检人员现场联合勘查，在各方均认为现场满足验收条件后方可开展	（1）阀冷系统主水回路设备安装完成。 （2）主水回路设备动力及控制回路已安装调试完成		
2	人员安排	（1）如人员充足可组织多个验收组同时开展工作。 （2）每个验收组建议至少安排验收人员1人，厂家人员1人，施工单位1人，监理1人	验收前成立临时专项验收组，组织验收、施工、厂家、监理人员共同开展验收工作		

序号	项目	工作内容	实施标准	负责人	备注
3	机具安排	验收工作开展前，准备好验收所需机具、仪器仪表、工器具、安全防护用品、验收记录材料、相关图纸及相关技术资料	（1）机具、仪器仪表、工器具、安全防护用品应试验合格，满足本次施工的要求。 （2）验收记录材料、相关图纸及相关技术资料齐全并符合现场实际情况		
4	验收交底	根据本次作业内容和性质确定好检修人员，并组织学习本作业卡	要求所有工作人员都明确本次工作的作业内容、进度要求、作业标准及安全注意事项		

表 1-7-2　　　　　　　　　　　　阀内水冷系统主水回路设备验收工器具清单

序号	名称	型号	数量	备注
1	安全带	—	2套	
2	活口扳手	—	1套	
3	内六角螺丝刀	—	1套	
4	力矩扳手	—	1套	
5	一字螺丝刀	—	1把	
6	绝缘电阻表	—	1台	
7	万用表	—	1台	

1.7.3 验收检查记录表格

阀内水冷系统主水回路设备验收检查记录表见表 1-7-3。

表 1-7-3

阀内水冷系统主水回路设备验收检查记录表

序号	验收项目	验收方法及标准	验收结论 (√或×)	备注
1		主循环泵应无锈蚀、无渗漏，润滑油油位正常		
2		主循环泵及其电动机应固定在一个单独的铸铁或钢座上，主循环泵应通过弹性联轴器和电动机相连，联轴器应有保护罩。轴封应采用机械密封，且应密封完好，并配置轴封漏水检测装置，机械密封应保证连续运行10000h。主循环泵进出口应设置柔性联接接头		《换流站设备验收规范 第15部分：阀内水冷系统》(Q/GDW 11652.15—2016)
3		应模拟各种运行工况进行主泵切换试验，验证主泵故障切换、保护切换、定时切换、手动切换、远程切换、主循环泵计时复归功能正常		
4		主循环泵电机供电回路的电源监视继电器告警信号宜参与运行主循环泵切换控制，并参与备用主循环泵的控制逻辑		《±1100kV特高压直流输电系统用换流阀冷却系统技术规范》(Q/GDW 11672—2017)
5		通过站用电切换试验检查主泵切换是否正确、阀内冷水系统流量变化是否导致水冷保护误动		《国家电网有限公司防止换流站事故措施及释义（修订版）》
6	主循环泵	电动机功率应能满足泵全曲线功率要求		
7		主循环泵电机的绝缘等级不低于F级，绝缘电阻应不小于10MΩ（使用500V绝缘电阻表），防护等级不低于IP55。容量100kW以上的电机各相绕组直流电阻相互差别不应超过其最小值的2%，满足GB 50150要求，同心度正常，偏差应符合设备说明书、技术要求		《旋转电机绝缘电阻测试》(GB/T 20160—2006)
8		主循环泵电机应使用耐摩擦的脂润滑轴承，主循环泵轴承设计使用寿命L10不低于131000h		《高压直流输电换流阀冷却系统技术规范》(Q/GDW 1527—2015)
9		主循环泵过热保护装置功能完好，保护逻辑执行正确，后台告警正常。验证两台主循环泵都故障时不直接闭锁直流，应关联主水流量低或压力低联合判据满足条件后方可闭锁直流。主水流量保护跳闸延时应大于主泵切换不成功回切至原主泵运行的时间		
10		主循环泵前后阀门功能正常，具备隔离故障检修条件		
11		主循环泵电机工频旁路电源断路器的短路保护值应不小于18倍电机额定电流，并配置反时限或短延时过流保护功能。工频直接启动时，保护定值应躲过启动时的冲击电流。		《高压直流输电换流阀冷却系统技术规范》(Q/GDW 1527—2015)

序号	验收项目	验收方法及标准	验收结论（√或×）	备注
11	主循环泵	主循环泵电机软启动电源断路器的短路保护值应不小于 15 倍电机额定电流，并配置过流保护功能。软启动时，保护定值应躲过启动时的冲击电流		《高压直流输电换流阀冷却系统技术规范》（Q/GDW 1527—2015）
12		主循环泵电源应采取分段供电，其馈线断路器应专用，禁止连接其他负荷		
13		主泵工频回路、软启回路控制电源空气开关应分开配置，软启和工频任一控制回路故障时，不影响另一控制回路。软启动器应采用三相控制型并具有独立的外置工频旁通回路，启动后转为工频旁通回路运行。软启回路应具备长期独立运行能力		《国家电网有限公司防止换流站事故措施及释义（修订版）》
14		主泵送至两套阀冷控制保护系统的"运行""正常"信号均应取自不同接点，防止单一接点故障导致主泵不可用		《国家电网有限公司防止换流站事故措施及释义（修订版）》
15		轴承箱油位正常，无渗漏		
16		检查机械密封应无渗漏，机封漏水检测功能正常，联轴器无松动、破损		
17		主循环泵基础预埋铁之间的高度差应不大于 5mm，地脚螺栓、联结螺栓等力矩检查应满足要求		
18		主循环泵同心度小于 0.2mm，主循环泵振动应在正常范围，振动值测量标准（中心高 225～550mm，1000～1800r/m）时振动值≤2.8mm/s，振动值测量标准（中心高 225～550mm，1800～4500r/m）时振动值≤4.5mm/s		《高压直流输电换流阀冷却系统技术规范》（Q/GDW 1527—2015）
19		主循环泵电源回路接线端子应紧固		
20		电源进线外观无烧蚀，无异味、异声等现象		
21		软启动器无报警，功能正常。保护定值整定正确。电压、电流测量精度校验正确		
22		主循环泵至少运行 24h 后，主循环泵的机封、泵轴承箱前后轴承、电机的轴承、电机的外壳、电机的动力回路各接线柱测温应正常，主循环泵电机及泵体无异响		

序号	验收项目	验收方法及标准	验收结论（√或×）	备注
23	脱气罐	脱气罐管道应连接良好，自动排气阀功能应正常		
24	电动三通阀、电动蝶阀	检查电机绝缘电阻应不小于1MΩ（使用500V绝缘电阻表）		《旋转电机绝缘电阻测试》（GB/T 20160—2006）
25		电动三通阀动作正确，通过阀内冷水系统内外循环方式切换试验，检验切换过程中无保护误动		《国家电网有限公司防止换流站事故措施及释义（修订版）》
26		电动蝶阀动作正确，验证开合到位		
27	加热器	主循环泵未运行、冷却水流量超低、进阀温度高等任一条件满足时，禁止自动启动电加热器		
28		加热器加热功能正常，具有先启先停、故障切换的自动控制功能，手动投切功能正常。加热器投退时应有事件记录		
29		电加热器绝缘电阻应不小于1MΩ（使用1000V绝缘电阻表）		《换流站设备验收规范 第15部分：阀内水冷系统》（Q/GDW 11652.15—2016）
30		电源回路接线端子应紧固，接线柱测温应正常		
31		电加热器内部无异物，外观正常		
32	主过滤器	主过滤器应设置在阀进水管路侧		
33		主过滤器应配置压差检测及远传功能，以监视过滤器堵塞情况，后台检查报警信号正常接入		
34		主过滤器前后阀门功能正常，应能在不停运阀内冷系统的条件下进行清洗或更换，滤芯应具备足够的机械强度以防止在冷却水冲刷下的损伤，过滤精度应不大于100μm		《高压直流输电换流阀冷却系统技术规范》（Q/GDW 1527—2015）
35		主过滤器内无明显杂质。阀冷却系统与换流阀连接后应循环运行72h后检查主回路过滤器，主过滤器内应无明显杂质。如存在杂质则继续循环运行，直至无明显杂质		

— 24 —

1.7.4 验收记录表格

在工作中对于重要的内容进行专项检查记录，并留档保存。阀内水冷系统主水回路设备验收记录表见表1-7-4，阀内水冷系统主泵切换试验记录表和振动试验记录表见表1-7-5和表1-7-6。

表1-7-4 　　　　　　　　　　　　　　　　　　阀内水冷系统主水回路设备验收记录表

设备名称	验收项目					验收人
	主循环泵	脱气罐	电动三通阀、电动蝶阀	加热器	主过滤器	
极Ⅰ高端阀内水冷系统						
极Ⅰ低端阀内水冷系统						
极Ⅱ高端阀内水冷系统						
极Ⅱ低端阀内水冷系统						

表1-7-5 　　　　　　　　　　　　　　　　　　阀内水冷系统主泵切换试验记录表

序号	切换方式	试验项目	试验方法	试验现象	验收结论（√或×）
1	正常切换	P01手动切换到P02运行	测试前P01和P02主泵的软启和工频断路器（控制电源断路器）均处于闭合状态，且无任何报警，P01处于运行状态，P02主泵备用，在触摸屏或临时后台上操作主泵切换	P01主泵工频回路停止运行，P02主泵软启回路运行，最后保持在P02主泵工频回路运行正常	
2		P01定时切换到P02运行	测试前P01和P02的软启和工频断路器（控制电源断路器）均处于闭合状态，且无任何报警，P01处于运行状态，P02主泵备用，模拟P01主泵运行时间大于主泵切换设定时间（模拟计时清零功能）	P01主泵工频回路停止运行，P02主泵软启回路运行，最后保持在P02主泵工频回路运行正常	
3		P01远程切换到P02运行	测试前P01和P02的软启和工频断路器（控制电源断路器）均处于闭合状态，且无任何报警，P01处于运行状态，P02主泵备用，在OWS上进行主泵切换操作	P01主泵工频回路停止运行，P02主泵软启回路运行，最后保持在P02主泵工频回路运行正常	

序号	切换方式	试验项目	试验方法	试验现象	验收结论（√或×）
4	故障切换	P01 主泵软启切换至 P02 主泵软启运行	OWS 无任何报警，断开 P01 和 P02 的工频断路器，P01 处于软启回路运行状态，P02 主泵备用。断开 P01 软启断路器 4QF1（断开软启回路控制电源断路器 4QC1），控制系统进行 P01 软启向 P02 软启回路切换	P01 软启回路切换至 P02 软启回路	
5		P01 主泵软启切换至 P02 主泵软启转工频运行	OWS 无任何报警，断开 P01、P02 工频断路器，P01 处于软启运行状态，P02 主泵备用。恢复 P02 工频断路器，控制系统由 P01 软启向 P02 工频切换	P01 软启回路运行，切换至 P02 软启回路，最后保持在 P02 工频回路运行正常	
6		P01 主泵过热切换	测试前 P01 和 P02 的软启和工频断路器均处于闭合状态，且无任何报警，P01 处于运行状态，P02 主泵备用，改变 P01 主泵电机温度高报警定值，模拟 P01 主泵过热报警	P01 主泵工频停止运行，切换至 P02 主泵软启回路，最后保持在 P02 工频回路运行正常	
7		P01 主泵进线电源失电切换	P01 主泵运行，P02 备用，OWS 无任何报警，断开 P01 主泵 400V 进线侧电源，查看 P01 主泵进线电源监视继电器告警状态及主循环泵切换过程	P01 主泵停止运行，其进线电源监视继电器故障灯亮，切换至 P02 主泵工频回路运行正常	
8		……	……	……	
9	保护切换	P01 主泵运行，冷却水流量和进阀压力同时低主泵切换	P01 主泵运行，P02 备用，OWS 无任何报警，修改冷却水流量和进阀压力低定值，模拟冷却水流量和进阀压力同时低故障，查看主泵切换过程（复归"压力低请确认"报警后，主泵可以再次切换）	P01 主泵停止运行，切换至 P02 主泵工频回路运行，若故障一直存在，每隔 5min 切换一次主泵	
10		……	……	……	
11	故障回切	P01 主泵回切功能试验	OWS 无任何报警，P01 主泵处于工频正常运行状态，P02 主泵处于备用状态，先断开 P02 主泵工频控制电源开关××，断开 P01 主泵工频电源开关××，待切换到 P02 主泵软启回路且启动未完成时，断开 P02 主泵软启控制回路断路器××，主泵将再次回切到 P01 主泵软启回路运行	P01 主泵工频回路运行停止，切换至 P02 软启回路，P02 软启回路启动不成功，回切至 P01 软启回路运行正常	

序号	切换方式	试验项目	试验方法	试验现象	验收结论（√或×）
12	故障回切	P02 主泵回切功能试验	OWS 无任何报警，P02 主泵处于工频正常运行状态，P01 主泵处于备用状态，先断开 P01 主泵工频旁路控制电源开关××，断开 P02 主泵工频电源开关××，待切换到 P01 主泵软启回路且启动未完成时，断开 P01 主泵软启电源开关××，主泵将再次回切到 P02 主泵软启回路运行	P02 主泵旁路回路运行停止，切换至 P01 软启回路，P01 软启回路启动不成功，回切至 P02 软启回路运行正常	
13		……	……	……	
14	400V 备自投动作后切换	400V 备自投动作时 P01 工频回路重启运行	P01 主泵处于工频运行状态，断开 P01 主泵软启电源开关××，同时断开主 P02 泵的软启和旁路电源开关××和××。400V 备自投动作完成恢复，控制系统进行 P01 主泵工频重启运行	P01 主泵工频运行停止后，重新工频启动	
15		……	……	……	
16	10kV 备自投动作后切换	10kV 备自投恢复时 P01 主泵切换试验	P01 主泵工频运行正常，P02 主泵软启、工频均正常。10kV Ⅰ段母线运行，断开 610 断路器，10kV 备自投动作	P01 工频回路停止运行，切换至 P02 软启回路，最后在 P02 工频旁路运行正常	
17		……	……	……	

表 1-7-6   阀内水冷系统主泵振动试验记录表

序号	测试对象	主泵尺寸及振动标准		测试点位	振动数据	验收结论（√或×）
		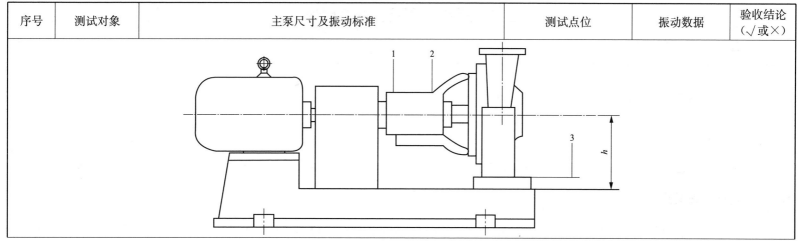				

序号	测试对象	主泵尺寸及振动标准	测试点位	振动数据	验收结论（√或×）
1	P01 主循环泵	中心 h 高 225～550mm，1000～1800r/m 时，振动值≤2.8mm/s	1号点垂直方向		
2			1号点水平方向		
3			2号点垂直方向		
4			2号点水平方向		
5			3号点垂直方向		
6			3号点水平方向		
7			3号点转轴方向		
8	……	……	……	……	……

1.7.5 检查评价表格

对工作中检查出的问题进行汇总记录，并进行验收评价，留档保存。阀内水冷系统主水回路设备验收评价表见表 1-7-7。

表 1-7-7　　　　　　　　　　　　阀内水冷系统主水回路设备验收评价表

检查人	×××	检查日期	××××年××月××日
存在问题汇总			

1.8 阀内水冷系统水处理回路设备验收标准作业卡

1.8.1 验收范围说明

本验收作业卡适用于换流站验收工作，验收范围包括双极高、低端阀内水冷系统水处理回路设备。

1.8.2 验收准备工作

各阶段验收工作开展前，运检人员应当提前明确验收的时间、人员、机具、仪器工具、图纸资料等，并至少在验收开展的前一天

完成准备工作的确认。阀内水冷系统水处理回路设备验收准备工作表见表 1-8-1，验收工器具清单见表 1-8-2。

表 1-8-1　　　　　　　　　　　　　　　　　　阀内水冷系统水处理回路设备验收准备工作表

序号	项目	工作内容	实施标准	负责人	备注
1	时间安排	验收工作开展前，应当组织业主、厂家、施工、监理、运检人员现场联合勘查，在各方均认为现场满足验收条件后方可开展	（1）阀冷系统水处理回路设备安装完成。 （2）水处理回路设备动力及控制回路电源已安装调试完成		
2	人员安排	（1）如人员充足可组织多个验收组同时开展工作。 （2）每个验收组建议至少安排验收人员 1 人，厂家人员 1 人，施工单位 1 人，监理 1 人	验收前成立临时专项验收组，组织验收、施工、厂家、监理人员共同开展验收工作		
3	机具安排	验收工作开展前，准备好验收所需机具、仪器仪表、工器具、安全防护用品、验收记录材料、相关图纸及相关技术资料	（1）机具、仪器仪表、工器具、安全防护用品应试验合格，满足本次施工的要求。 （2）验收记录材料、相关图纸及相关技术资料齐全并符合现场实际情况		
4	验收交底	根据本次作业内容和性质确定好检修人员，并组织学习本作业卡	要求所有工作人员都明确本次工作的作业内容、进度要求、作业标准及安全注意事项		

表 1-8-2　　　　　　　　　　　　　　　　　　阀内水冷系统水处理回路设备验收工器具清单

序号	名称	型号	数量	备注
1	安全带	—	2 套	
2	活口扳手	—	1 套	
3	内六角螺丝刀	—	1 套	
4	力矩扳手	—	1 套	
5	一字螺丝刀	—	1 把	
6	绝缘电阻表	—	1 台	
7	万用表	—	1 台	

1.8.3 验收检查记录表格

阀内水冷系统水处理回路设备验收检查记录表见表1-8-3。

表1-8-3　　　　　　　　　　　　　　　阀内水冷系统水处理回路设备验收检查记录表

序号	验收项目	验收方法及标准	验收结论（√或×）	备注
1	去离子系统	离子交换器应无锈蚀、无渗漏		
2		去离子装置应包含装填有离子交换树脂的离子交换器、精密过滤器和调节纯水流量的调节阀		
3		去离子装置应设置两套离子交换器，采用一用一备工作方式，切换功能正常		
4		每个离子交换器中的离子交换树脂应能满足至少1年的使用寿命。在去离子水出口应设置电导率传感器和精密过滤器，前者用于监视离子交换树脂是否失效，后者用于防止树脂流入主水回路中，精密过滤器过滤精度不宜低于$10\mu m$		《高压直流输电换流阀冷却系统技术规范》(Q/GDW 1527—2015)
5		水处理回路过滤器应清洁无杂质		
6		去离子系统的设计处理流量应能满足在3h内将内冷水循环一次的要求。去离子系统流量监视和调节功能正常		
7		流量正常，产水电导率正常		
8	氮气稳压系统	膨胀罐本体应无锈蚀、无渗漏		
9		膨胀罐均应配置3台电容式液位计和1台磁翻板液位计。液位监测装置显示正常		
10		氮气瓶压力正常，补气功能正常。氮气补充应设置主备用切换装置，可满足在线更换氮气瓶。氮气瓶应配置压力监测功能，当氮气瓶压力低时应报警提示。氮气稳压控制中，应根据膨胀罐压力实时值自动启停补气或排气		
11		液位传感器应配置正确、工作正常，液位正常		
12		压力释放阀、安全阀型号配置正确，功能完好		
13		膨胀罐液位超低跳闸、泄漏保护均采用电容式液位传感器，按三取二原则出口		
14		膨胀罐液位应在正常区域，总液位1/2以上（冷却水平均温度介于30～36℃，膨胀罐液位与水温有关系，水温变则液位应随之变化）		《高压直流输电换流阀冷却系统技术规范》(Q/GDW 1527—2015)

序号	验收项目	验收方法及标准	验收结论（√或×）	备注
15	补水装置	原水罐、移动水车及其管道应无渗漏、无锈蚀		
16		补水装置应同时具备手动补水和自动补水功能，自动补水泵应可根据膨胀罐液位自动进行补水		
17		互为备用的两台补水泵应具有自动启停控制和故障切换功能		
18		补充水电导率应小于 $10\mu S/cm$ 的去离子水或蒸馏水，pH 值介于 $6.5\sim8.0$ 之间，厂家应提供内冷水补水水质报告		《高压直流输电换流阀冷却系统技术规范》(Q/GDW 1527—2015)
19		检查电机绝缘电阻应不小于 $1M\Omega$（建议使用 500V 绝缘电阻表），相间电阻基本相同		《旋转电机　绝缘电阻测试》(GB/T 20160—2006)
20		补水泵、原水泵连接部位及轴封处无渗漏		
21		补水泵、原水泵启动声音应正常平稳，可正常补水		
22	除氧氮气系统	系统含氧量（如有）应低于规定值		
23		压力释放阀、安全阀型号配置正确，功能完好		
24		氮气瓶压力正常		

1.8.4　验收记录表格

在工作中对于重要的内容进行专项检查记录，并留档保存。阀内水冷系统水处理回路设备验收记录表见表 1-8-4。

表 1-8-4　　　　　　　　　　阀内水冷系统水处理回路设备验收记录表

设备名称	验收项目				验收人
	去离子系统	氮气稳压系统	补水装置	除氧氮气系统	
极Ⅰ高端阀内水冷系统					
极Ⅰ低端阀内水冷系统					
极Ⅱ高端阀内水冷系统					
极Ⅱ低端阀内水冷系统					

1.8.5　检查评价表格

对工作中检查出的问题进行汇总记录，并进行验收评价，留档保存。阀内水冷系统水处理回路设备验收评价表见表1-8-5。

表1-8-5　　　　　　　　　　　　　阀内水冷系统水处理回路设备验收评价表

检查人	×××	检查日期	××××年××月××日
存在问题汇总			

1.9　阀内冷控制保护系统验收标准作业卡

1.9.1　验收范围说明

本验收作业卡适用于换流站验收工作，验收范围包括双极高、低端阀内冷控制保护系统。

1.9.2　验收准备工作

各阶段验收工作开展前，运检人员应当提前明确验收的时间、人员、机具、仪器工具、图纸资料等，并至少在验收开展的前一天完成准备工作的确认。阀内冷控制保护系统验收准备工作表见表1-9-1，验收工器具清单见表1-9-2。

表1-9-1　　　　　　　　　　　　　阀内冷控制保护系统验收准备工作表

序号	项目	工作内容	实施标准	负责人	备注
1	时间安排	验收工作开展前，应当组织业主、厂家、施工、监理、运检人员现场联合勘查，在各方均认为现场满足验收条件后方可开展	（1）控制保护系统二次回路均已安装完成，并完成屏柜内整理清灰工作。 （2）控制保护系统调试完成		
2	人员安排	（1）如人员充足可组织多个验收组同时开展工作。 （2）每个验收组建议至少安排验收人员1人，厂家人员1人，施工单位1人，监理1人	验收前成立临时专项验收组，组织验收、施工、厂家、监理人员共同开展验收工作		

序号	项目	工作内容	实施标准	负责人	备注
3	机具安排	验收工作开展前，准备好验收所需机具、仪器仪表、工器具、安全防护用品、验收记录材料、相关图纸及相关技术资料	（1）机具、仪器仪表、工器具、安全防护用品应试验合格，满足本次施工的要求。 （2）验收记录材料、相关图纸及相关技术资料齐全并符合现场实际情况		
4	验收交底	根据本次作业内容和性质确定好检修人员，并组织学习本作业卡	要求所有工作人员都明确本次工作的作业内容、进度要求、作业标准及安全注意事项		

表 1-9-2 阀内冷控制保护系统验收工器具清单

序号	名称	型号	数量	备注
1	一字螺丝刀	—	1 把	
2	绝缘电阻表	—	1 台	
3	万用表	—	1 台	
4	电位计	—	3 个	

1.9.3 验收检查记录表格

阀内冷控制保护系统验收检查记录表见表 1-9-3。

表 1-9-3 阀内冷控制保护系统验收检查记录表

序号	验收项目	验收方法及标准	验收结论（√或×）	备注
1	二次回路	继电器、空气开关工作正常，无老化、破损、发热现象。端子排应无松动、锈蚀、破损现象，运行及备用端子均有编号且与竣工图纸保持一致		
2		二次电缆接线应布置整齐、无松动。电缆绝缘层无变色、老化、损坏现象。电缆接地线完好。电缆号头、走向标示牌无缺失现象。二次回路电缆绝缘良好，测量二次回路电缆绝缘电阻应不小于 1MΩ（使用 1000V 绝缘电阻表），跳闸、闭锁、控制回路、信号回路二次回路对地绝缘电阻应不小于 10MΩ（使用 1000V 绝缘电阻表）		

序号	验收项目	验收方法及标准	验收结论（√或×）	备注
3	二次回路	核查各元件、继电器的参数值设置正确		
4		同一测点冗余的传感器（流量、温度等）不应接入控制系统输入或输出模块的同一个 I/O 板，应根据冗余数量分别接入各自独立的输入输出模块，避免单一模块故障导致所有传感器采样异常		
5		阀冷控制保护系统送至两套极或换流器控制系统的跳闸信号应交叉上送，防止单套传输回路元件或接线故障导致保护拒动		
6	直流电源配置	阀内冷控制单元的工作电源禁止采用站用交流电源供电，应采用稳定可靠的站用 DC 110V 或 DC 220V 电源供电，或经过具有电气隔离功能的 DC/DC 变换器输出的直流电供电		
7		向阀内冷设备供电的直流电源应采用分别来自 2 段站用直流母线，经过自动切换后向直流设备或负荷供电或者 2 路直流电源经过冗余的 DC/DC 变换器，取得稳定可靠的直流电源后，向直流设备或负荷供电		
8		直流电源切换装置或 DC/DC 变换器应保证其 2 路直流输入电源之间具有电气隔离功能，一路直流电源异常或接地时，不会影响另外一路直流电源		
9		如采用直流切换装置方式，切换装置在切换过程中，其输出电压应保证阀内冷控制单元正常工作，不能出现电压异常或失电现象		
10		阀内冷 A、B 控制系统及公用单元的直流输入电源应相互独立，各有两路冗余且独立的站用直流电源供电。任何一路电源异常或丢失后，不能影响控制系统正常工作		
11		阀内冷控制系统中各系统 I/O 模块及公用元件 I/O 模块电源应采用独立的电源供电，每路电源系统的输入均来自 A、B 段站用直流母线		
12		阀内冷水控制保护装置及各传感器电源应由两套电源同时供电，任一电源失电不影响保护及传感器的稳定运行		

序号	验收项目	验收方法及标准	验收结论（√或×）	备注
13	直流电源配置	水冷各系统使用的 24V 信号电源应各自独立		
14		主循环泵控制电源应与阀内冷控制保护装置的电源分开，各由独立的电源供电		
15		每台主循环泵应采用独立的信号电源，并由两路供电		
16		来自极控或阀组控制系统的开入信号电源或到极控或阀组控制系统的开出信号电源以及到室外设备的信号电源，禁止采用 DC 24V 电源供电		
17		检查主机和板卡电源应冗余配置，并对主机和相关板卡、模块进行断电试验，电源供电应可靠		
18	阀内冷控制保护系统功能	阀冷控制系统应冗余配置、保护系统三重化配置，具备自诊断功能，并具备手动或故障时自动切换功能。验证当阀内冷所有控制保护系统均不可用时，通过阀冷系统不可用信号发直流闭锁命令，闭锁换流阀		
19		阀内冷系统和极控或阀组控制系统的接口应采用交叉冗余配置		
20		在阀内冷系统的各种运行状况中，不能自行停止阀内冷系统，而应发出请求停止命令或请求跳闸命令后由控制保护确定采用相应的具体措施		
21		当阀内冷配电柜、控制柜内照明电源取自柜内的交流母线时，应单独配置空气开关		
22		核对阀内冷控制保护系统定值与定值单整定一致		
23		验证阀内水冷控制柜的 PLC CPU、装置板卡可进行在线更换		
24		自检功能完善，控制系统切换功能正常。通信功能正常。报警事件定义清楚。运行人员操作站界面显示正常、无报警信号		
25		阀内冷却系统中非重要 I/O 板卡故障不应导致相应控制保护系统紧急故障		
26		主循环泵安全开关辅助接点信号只应用于报警，不得用于程序中的主循环泵运行状态判断		

序号	验收项目	验收方法及标准	验收结论 (√或×)	备注
27	阀内冷保护	保护配置原则及出口设置： （1）阀内冷保护应按三重化配置，每套保护装置应能完成整套阀内冷系统的所有保护功能。 （2）作用于跳闸的传感器应按照三套独立冗余配置，保护按照三取二原则出口，当一套传感器故障时，采用二取一逻辑出口，当两套传感器故障时，采用一取一逻辑出口。 （3）模拟阀内冷却系统保护动作，测试跳闸功能应正确		《国家电网有限公司防止换流站事故措施及释义（修订版）》
28		温度保护： （1）阀进水温度保护投报警和跳闸，报警与跳闸定值相差不应小于3℃。 （2）阀内冷系统宜装设三个阀进水温度传感器，在每套水冷保护内，阀进水温度保护按三取二原则出口，动作后闭锁直流。保护动作延时应小于晶闸管换流阀过热允许时间。 （3）阀出水温度保护动作后不应发直流闭锁或功率回降命令。 （4）使用电位计模拟温度传感器数值，验证温度保护逻辑正确动作： 1）三台传感器均正常情况下，对进阀温度进行相关报警与跳闸试验，验证三取二逻辑正确。 2）单台传感器故障情况下，对进阀温度进行相关报警与跳闸试验，验证二取一逻辑正确。 3）两台传感器故障情况下，对进阀温度进行相关报警与跳闸试验，验证一取一逻辑正确。 4）三台传感器均故障情况下，对进阀温度进行相关报警与跳闸试验，验证逻辑出口跳闸正确		《国家电网有限公司防止换流站事故措施及释义（修订版）》
29		流量及压力保护： （1）换流阀内水冷主管道上配置三台流量传感器，涉及跳闸保护的进阀压力传感器配置三台。 （2）流量传感器按三取二原则与进阀压力配合参与跳闸。一套流量传感器故障时，按二取一原则与进阀压力配合参与跳闸。两套流量传感器故障时，按一取一原则与进阀压力配合参与跳闸。		（1）《国家电网有限公司防止换流站事故措施及释义（修订版）》。 （2）《±1100kV特高压直流输电系统用换流阀冷却系统技术规范》(Q/GDW 11672—2017)

序号	验收项目	验收方法及标准	验收结论（√或×）	备注
29	阀内冷保护	（3）验证主水流量保护跳闸延时应大于主泵切换不成功回切至原主泵运行的时间，冷却水流量超低、超高定值应根据换流阀厂家提供的冷却水流量低保护定值进行整定。冷却水流量高、低定值应根据换流阀厂家提供的流量要求范围或数值适当整定，跳闸延时时间建议为10~20s。 （4）流量压力组合跳闸逻辑中，应避免因流量、压力同一类型传感器均故障后闭锁保护功能。 （5）若配置主泵压力差保护，应投报警。出阀压力保护应投报警。 （6）进阀压力保护不应直接投跳闸，应结合主水流量保护动作出口。进阀压力传感器按三取二原则与流量配合参与跳闸。一套进阀压力传感器故障时，按二取一原则与流量配合参与跳闸。两套进阀压力传感器故障时，按一取一原则与流量配合参与跳闸。 （7）使用电位计模拟流量、进阀压力传感器数值，验证流量压力联合保护逻辑正确动作。流量、压力传感器均正常情况下，对流量、压力传感器进行相关报警与跳闸试验： 1）验证流量超低＋进阀压力高、流量超低＋进阀压力低、流量低＋进阀压力超低联合保护三取二逻辑正确。 2）验证一套流量传感器故障情况下，流量超低＋进阀压力高、流量超低＋进阀压力低、流量低＋进阀压力超低联合保护二取一逻辑正确。 3）验证一套压力传感器故障情况下，流量超低＋进阀压力高、流量超低＋进阀压力低、流量低＋进阀压力超低联合保护二取一逻辑正确。 4）验证一套压力及一套流量传感器均故障情况下，流量超低＋进阀压力高、流量超低＋进阀压力低、流量低＋进阀压力超低联合保护二取一逻辑正确。 5）验证两套流量传感器故障情况下，流量超低＋进阀压力高、流量超低＋进阀压力低、流量低＋进阀压力超低联合保护一取一逻辑正确。 6）验证两套压力传感器故障情况下，流量超低＋进阀压力高、流量超低＋进阀压力低、流量低＋进阀压力超低联合保护一取一逻辑正确。 7）验证两套压力及两套流量传感器均故障情况下，流量超低＋进阀压力高、流量超低＋进阀压力低、流量低＋进阀压力超低联合保护二取一逻辑正确。 8）验证三套流量传感器均故障或三套压力传感器均故障情况下，流量超低＋进阀压力高、流量超低＋进阀压力低、流量低＋进阀压力超低联合保护功能正确闭锁		（1）《国家电网有限公司防止换流站事故措施及释义（修订版）》。 （2）《±1100kV特高压直流输电系统用换流阀冷却系统技术规范》(Q/GDW 11672—2017)

序号	验收项目	验收方法及标准	验收结论（√或×）	备注
30	阀内冷保护	液位保护： （1）膨胀罐液位保护应投报警和跳闸。 （2）膨胀罐配置三个电容式液位传感器和一个磁翻板液位计，用于液位保护和泄漏保护，液位保护应采用电容式液位传感器，磁翻板液位计只作显示。 （3）三台膨胀罐液位传感器按三取二原则。液位测量值低于其额定液位高度的30％时发报警，低于10％时发直流闭锁命令。 （4）膨胀罐液位变化定值和延时设置应有足够裕度，能躲过最大温度及传输功率变化引起的液位波动，防止液位正常变化导致保护误动。 （5）使用电位计模拟液位传感器数值，验证液位保护逻辑正确动作： 1）三台传感器均正常情况下，对液位保护进行相关报警与跳闸试验，验证三取二逻辑正确。 2）单台传感器故障情况下，对液位保护进行相关报警与跳闸试验，验证二取一逻辑正确。 3）两台传感器故障情况下，对液位保护进行相关报警与跳闸试验，验证一取一逻辑正确。 4）三台传感器均故障情况下，对液位保护进行相关报警与跳闸试验，验证逻辑正确，不出口跳闸		《国家电网有限公司防止换流站事故措施及释义（修订版）》
31		微分泄漏保护： （1）微分泄漏保护投报警和跳闸，24h泄漏保护和补水泵运行时间过长投报警。 （2）微分泄漏保护应采集三台电容式液位传感器的液位，按照三取二逻辑跳闸。采样和计算周期不应大于2s，在30s内，当持续检测到液位下降速度超过换流阀泄漏允许值后，发送跳闸请求，在收到换流阀闭锁信号后延时自动停止主循环泵。 （3）对于采取内冷水内外循环运行方式的系统，在内外循环方式切换时应自动退出泄漏保护，并设置适当延时，防止保护误动。 （4）泄漏保护的定值和延时设置应有屏蔽条件，要能躲过最大水温变化、主泵切换、内外循环切换、外冷系统冷却器启停等引起的水位波动，防止保护误动。 （5）微分泄漏保护应具备手动投退功能。 （6）阀冷系统正常运行工况下，在系统最远端阀塔底部泄空阀进行排水，验证微分泄漏保护正确动作。		（1）《高压直流输电换流阀冷却系统技术规范》（Q/GDW 1527—2015）。 （2）《国家电网有限公司防止换流站事故措施及释义（修订版）》

序号	验收项目	验收方法及标准	验收结论（√或×）	备注
31	阀内冷保护	（7）使用电位计模拟液位传感器数值，验证微分泄漏保护逻辑正确动作： 1）三台传感器均正常情况下，对微分泄漏保护进行相关报警与跳闸试验，验证三取二逻辑正确。 2）单台传感器故障情况下，对微分泄漏保护进行相关报警与跳闸试验，验证二取一逻辑正确。 3）两台传感器故障情况下，对微分泄漏保护进行相关报警与跳闸试验，验证一取一逻辑正确。 4）三台传感器均故障情况下，对微分泄漏保护进行相关报警与跳闸试验，验证逻辑正确，不出口跳闸		（1）《高压直流输电换流阀冷却系统技术规范》（Q/GDW 1527—2015）。 （2）《国家电网有限公司防止换流站事故措施及释义（修订版）》
32		电导率保护： （1）电导率保护仅投报警。 （2）使用电位计模拟电导率传感器数值，验证电导率保护正确报警		《国家电网有限公司防止换流站事故措施及释义（修订版）》
33	MCC 开关柜（动力电源柜）	MCC 开关柜无表面擦痕、腐蚀。电缆表面无烧痕，无异常的气味、声音。连接端子无松动。开关柜外壳、人机接口外壳无损伤。接地良好		
34		开关柜通风格窗应无异物覆盖，通风良好		
35		散热风扇功能应正常，滤网无堵塞，运行过程中无异响		

1.9.4　验收记录表格

在工作中对于重要的内容进行专项检查记录，并留档保存。阀内冷控制保护系统验收记录表见表 1-9-4。阀内冷系统控制保护功能验收记录表见表 1-9-5。

表 1-9-4　　　　　　　　　　　　　　　　阀内冷控制保护系统验收记录表

设备名称	验收项目					验收人
	二次回路	直流电源配置	阀内冷控制保护系统功能	阀内冷保护	MCC 开关柜（动力电源柜）	
极Ⅰ高端阀内水冷系统						

设备名称	验收项目					验收人
	二次回路	直流电源配置	阀内冷控制保护系统功能	阀内冷保护	MCC开关柜（动力电源柜）	
极Ⅰ低端阀内水冷系统						
极Ⅱ高端阀内水冷系统						
极Ⅱ低端阀内水冷系统						

表 1-9-5　　　　　　　　　　　　　　　　　阀内冷系统控制保护功能验收记录表

序号	验证功能	试验项目	试验方法	试验现象	验收结论（√或×）
1	交直流电源	交流电源手动切换	人机界面操作进行交流电源1号转交流电源2号投入操作	控制屏柜内电源切换装置或进线回路接触器由1号切换至2号执行正确	
2		交流电源故障自动切换	断开控制屏柜内交流电源1号进线空气开关	控制屏柜内电源切换装置或进线回路接触器由1号切换至2号执行正确，显示"交流电源1号故障"告警	
3		直流电源故障告警	断开控制屏柜内直流电源1号进线空气开关	显示"直流电源1号故障"告警	
4		……	……	……	……
5	控制系统功能验证	控制系统手动/自动模式切换	人机界面操作进行控制系统手动、自动模式切换	控制系统状态切换执行正确	
6		电动三通阀手动切换	人机界面操作进行电动三通阀切换操作	阀内冷系统电动三通阀及配套电动蝶阀动作执行正确	
7		冷却水自动补充功能	模拟冷却水液位低于"膨胀罐液位低"定值	冷却水自动补充功能正确启动，补水泵及配套电动阀正确动作	

序号	验证功能	试验项目	试验方法	试验现象	验收结论（√或×）
8	控制系统功能验证	冷却水手动补充	人机界面操作进行补水泵启动操作	补水泵及配套电动阀正确动作，膨胀罐液位缓慢上升	
9		稳压系统氮气瓶自动切换	在稳压系统处就地模拟氮气瓶压力低告警	氮气瓶补气执行电磁阀由压力低告警回路切换至正常压力回路	
10		稳压系统补气排气功能	模拟膨胀罐压力分别满足排气、补气定值	稳压系统补气电磁阀、排气电磁阀动作执行正确	
11		单控制系统故障在线处理可靠性	模拟单套控制系统 CPU 模块或控制板卡故障，并在线进行更换	单套控制系统 CPU 模块或控制板卡故障退出检修不影响阀冷系统运行	
12		任意元件在线更换可靠性	针对控制系统 I/O 模块或板卡、信号继电器、通信模块、光纤接口、电源模块单一故障进行模拟	确认故障及处理过程中阀冷系统运行正常	
13		双控制系统故障申请停运可靠性	模拟双套控制系统 CPU 模块或控制板卡故障均故障导致控制系统不可用	确认控制系统"不可用申请停运阀组"逻辑正确执行	
14		……	……	……	……
15	保护逻辑验证	温度保护	参考表 1-9-3 相关内容，在控制系统进行进阀温度模拟	验证保护动作逻辑符合表 1-9-3 要求	
16		流量压力联合保护	参考表 1-9-3 相关内容，在控制系统进行主水流量、进阀压力模拟	验证保护动作逻辑符合表 1-9-3 要求	
17		液位保护	参考表 1-9-3 相关内容，在控制系统进行膨胀罐液位模拟	验证保护动作逻辑符合表 1-9-3 要求	
18		泄漏保护	参考表 1-9-3 相关内容，在控制系统进行膨胀罐液位模拟	验证保护动作逻辑符合表 1-9-3 要求	

序号	验证功能	试验项目	试验方法	试验现象	验收结论（√或×）
19	保护逻辑验证	渗漏保护	参考表 1-9-3 相关内容，在控制系统进行膨胀罐液位模拟	验证保护动作逻辑符合表 1-9-3 要求	
20		电导率保护	参考表 1-9-3 相关内容，在控制系统进行主水回路电导率模拟	验证保护动作逻辑符合表 1-9-3 要求	
21		保护屏蔽条件验证	根据技术文件要求对保护屏蔽条件逐项进行模拟	验证保护屏蔽计时正确	
22		跳闸保护定值修改确认	对跳闸保护定值进行临时调整	确认控制系统人机界面"保护定值变动"提醒出现	
23		……	……	……	……

1.9.5 检查评价表格

对工作中检查出的问题进行汇总记录，进行验收评价，留档保存。阀内冷控制保护系统验收评价表见表 1-9-6。

表 1-9-6　　　　　　　　　　　　　　　阀内冷控制保护系统验收评价表

检查人	×××	检查日期	××××年××月××日
存在问题汇总			

1.10 阀内水冷系统投运前检查标准作业卡

1.10.1 验收范围说明

本验收作业卡适用于换流站投运前检查工作，验收范围包括双极高、低端阀内水冷系统。

1.10.2 验收准备工作

各阶段验收工作开展前，运检人员应当提前明确验收的时间、人员、机具、仪器工具、图纸资料等，并至少在验收开展的前一天

完成准备工作的确认。阀内水冷系统投运前检查准备工作表见表1-10-1，检查验收工器具清单见表1-10-2。

表 1-10-1 阀内水冷系统投运前检查准备工作表

序号	项目	工作内容	实施标准	负责人	备注
1	时间安排	验收工作开展前，应当组织业主、厂家、施工、监理、运检人员现场联合勘查，在各方均认为现场满足验收条件后方可开展	（1）所有阀内水冷系统验收完成后。 （2）阀内冷系统投运前		
2	人员安排	（1）如人员充足可组织多个验收组同时开展工作。 （2）每个验收组建议至少安排验收人员1人，厂家人员1人，施工单位1人，监理1人	验收前成立临时专项验收组，组织验收、施工、厂家、监理人员共同开展验收工作		
3	机具安排	验收工作开展前，准备好验收所需机具、仪器仪表、工器具、安全防护用品、验收记录材料、相关图纸及相关技术资料	（1）机具、仪器仪表、工器具、安全防护用品应试验合格，满足本次施工的要求。 （2）验收记录材料、相关图纸及相关技术资料齐全并符合现场实际情况		
4	验收交底	根据本次作业内容和性质确定好检修人员，并组织学习本作业卡	要求所有工作人员都明确本次工作的作业内容、进度要求、作业标准及安全注意事项		

表 1-10-2 阀内水冷系统投运前检查验收工器具清单

序号	名称	型号	数量	备注
1	一字螺丝刀	—	1把	
2	绝缘电阻表	—	1台	
3	万用表	—	1台	
4	安全带	—	2套	

1.10.3　验收工作流程

阀内水冷系统投运前检查记录表见表 1-10-3。

表 1-10-3　　　　　　　　　　　　阀内水冷系统投运前检查记录表

序号	验收项目	验收方法及标准	验收结论（√或×）	备注
1	外观	检查设备外观正常，无异常报警或保护动作信号		
2	管道及阀门	管道及阀门运行过程中应无异常振动，无漏水、溢水现象。主管道法兰间应设置有跨接地线，各法兰连接紧固，应满足规定力矩，无渗漏		
3		管道应无渗漏、设备无锈蚀、清洁无杂物		
4		阀门位置正确，各类阀门应具备锁定装置		
5	氮气稳压回路	补、排气功能正常。膨胀罐液位正常。氮气瓶压力正常（大于 1.5MPa）。氮气回路切换正常		
6	水质	离子交换器出水电导率正常。主循环冷却水电导率正常（小于 $0.2\mu S/cm$）。水处理回路流量正常		
7	主过滤器	压差检测正常		
8	精密过滤器	压差检测正常		
9	补水装置	手动补水功能正常，运行时无异常声响		
10	主循环泵	检查主泵运行应正常，声响及振动无异常，红外测温无异常		
11		主循环泵手动切换无异常		
12	测量值	阀内水冷系统水温、电导率、液位、压力、流量等传感器的测量值比对结果正常		
13		信号指示应正常，无异常测量告警		
14	控制保护	阀内水冷控制保护系统运行正常，定值正确，无异常告警，信号上送正常		
15	阀内水冷系统启动	阀内水冷系统验收完成后，至少应在对应阀组投运前 24h 启动系统，具备就绪条件		

1.10.4 验收记录表格

在工作中对于重要的内容进行专项检查记录，并留档保存。阀内水冷系统投运前检查记录表见表1-10-4。

表 1-10-4 阀内水冷系统投运前检查记录表

设备名称	验收项目												验收人
	外观	管道及阀门	氮气稳压回路	水质	主过滤器	精密过滤器	补水装置	主循环泵	测量值	控制保护	阀内水冷系统启动		
极Ⅰ高端阀内水冷系统													
极Ⅰ低端阀内水冷系统													
极Ⅱ高端阀内水冷系统													
极Ⅱ低端阀内水冷系统													

1.10.5 检查评价表格

对工作中检查出的问题进行汇总记录，并进行验收评价，留档保存。阀内水冷系统投运前检查评价表见表1-10-5。

表 1-10-5 阀内水冷系统投运前检查评价表

检查人	×××	检查日期	××××年××月××日
存在问题汇总			

第2章 阀外水冷系统

2.1 应用范围

本作业指导书适用于换流站阀外水冷系统设备交接试验和竣工验收工作，部分验收项目需根据实际情况提前安排，通过随工验收、资料检查等方式开展，旨在指导并规范现场验收工作。

2.2 规范依据

本作业指导书的编制依据并不限于以下文件：

1.《国家电网有限公司防止直流换流站事故措施及释义（修订版）》

2.《国家电网有限公司十八项电网重大反事故措施（修订版）》

3.《电气装置安装工程电气设备交接试验标准》（GB 50150—2016）

4.《工业管道的基本识别色、识别符号和安全标识》（GB 7231—2003）

5.《高压直流输电换流阀水冷却设备》（GB/T 30425—2013）

6.《工业循环冷却水处理设计规范》（GB/T 50050—2017）

7.《直流输电阀冷系统仪表检测导则施及释义（修订版）》（DL/T 1582—2016）

8.《高压直流输电换流阀冷却系统技术规范》（Q/GDW 1527—2015）

9.《国家电网有限公司直流换流站验收管理规定 第16分册 阀外水冷系统验收细则》

2.3 验收方法

2.3.1 验收流程

阀外水冷系统设备专项验收工作应参照表 2-3-1 的内容顺序开展，并在验收工作中把握关键时间节点。

表 2-3-1 阀外水冷系统设备专项验收流程表

序号	验收项目	主要工作内容	参考工时	开展验收需满足的条件
1	整体验收要求	阀外水冷系统整体环境及技术要求进行比对验收	2h/阀组	阀冷系统整体安装完成

序号	验收项目	主要工作内容	参考工时	开展验收需满足的条件
2	管道及阀门验收	管道及阀门检查验收	8h/阀组	（1）阀冷系统管道及阀门安装完成，并完成管路内部清洗及外部清灰工作。 （2）管道及阀门标记标识安装完成。 （3）阀门自锁装置安装完成
3	水处理回路设备验收	（1）一般要求。 （2）加药装置验收。 （3）反渗透单元（若有）验收。 （4）软水模块（软化加药方式）验收。 （5）旁滤装置验收。 （6）功能测试验收	4h/阀组	阀外冷系统水处理回路设备安装调试完成，药剂补充完毕
4	水池及泵机设备验收	（1）盐水池验收。 （2）喷淋水池验收。 （3）工业水泵及高压泵设备验收	2h/阀组	（1）水池部署完成，池内介质补充完毕。 （2）原水泵及高压泵设备安装调试完成
5	冷却回路验收	（1）冷却塔验收。 （2）喷淋泵验收。 （3）阀外水冷控制系统验收	4h/阀组	（1）冷却塔及喷淋泵设备设施安装完成，功能调试完毕。 （2）阀外水冷控制系统回路连接完成，屏柜内布置整理完成，功能调试完毕
6	配电柜验收	（1）柜体外观验收。 （2）配电柜保护验收	4h/阀组	配电柜相关电气回路连接完成，屏柜内布置整理完成，功能调试完毕
7	阀外水冷系统投运前检查	（1）阀外水冷系统设备外观验收。 （2）管道阀门验收。 （3）工业水泵及高压泵（若有）验收。 （4）喷淋泵验收。 （5）冷却塔验收。 （6）测量值验收。 （7）控制验收。 （8）连续运行试验验收	2h/阀组	（1）所有验收完成后。 （2）阀外水冷系统投运前

2.3.2 验收问题记录清单

对于验收过程中发现的隐患和缺陷，应当按照表 2-3-2 进行记录，每日向业主项目部提报，并由专人负责跟踪闭环进度。

表 2-3-2　　　　　　　　　　　　　　　　　阀外水冷系统设备验收问题记录单

序号	设备名称	问题描述	发现人	发现时间	整改情况
1	极Ⅰ高端阀外水冷系统喷淋水池	……	×××	××××年××月××日	……
2	……	……	……	……	……

2.4 阀外水冷系统整体要求验收标准作业卡

2.4.1 验收范围说明

本验收作业卡适用于换流站验收工作，验收范围包括双极高、低端阀外水冷系统整体要求。

2.4.2 验收准备工作

各阶段验收工作开展前，运检人员应当提前明确验收的时间、人员、机具、仪器工具、图纸资料等，并至少在验收开展的前一天完成准备工作的确认。

阀外水冷系统整体要求验收准备工作表见表 2-4-1，验收工器具清单见表 2-4-2。

表 2-4-1　　　　　　　　　　　　　　　　　阀外水冷系统整体要求验收准备工作表

序号	项目	工作内容	实施标准	负责人	备注
1	时间安排	验收工作开展前，应当组织业主、厂家、施工、监理、运检人员现场联合勘查，在各方均认为现场满足验收条件后方可开展	阀冷系统整体安装完成		
2	人员安排	（1）如人员充足可组织多个验收组同时开展工作。 （2）每个验收组建议至少安排验收人员 1 人，厂家人员 1 人，施工单位 1 人，监理 1 人	验收前成立临时专项验收组，组织验收、施工、厂家、监理人员共同开展验收工作		

序号	项目	工作内容	实施标准	负责人	备注
3	机具安排	验收工作开展前，准备好验收所需机具、仪器仪表、工器具、安全防护用品、验收记录材料、相关图纸及相关技术资料	（1）机具、仪器仪表、工器具、安全防护用品应试验合格，满足本次施工的要求。 （2）验收记录材料、相关图纸及相关技术资料齐全并符合现场实际情况		
4	验收交底	根据本次作业内容和性质确定好检修人员，并组织学习本作业卡	要求所有工作人员都明确本次工作的作业内容、进度要求、作业标准及安全注意事项		

表 2-4-2 　　　　　　　　　　　　　**阀外水冷系统整体要求验收工器具清单**

序号	名称	型号	数量	备注
1	安全带	—	2套	
2	便携式手电筒	—	2支	

2.4.3　验收检查记录表格

阀外水冷系统整体要求验收检查记录表见表 2-4-3。

表 2-4-3 　　　　　　　　　　　　　　　**阀外水冷系统整体要求验收检查记录表**

序号	验收项目	验收方法及标准	验收结论（√或×）	备注
1	环境要求	应配置喷淋水旁滤水处理设备，旁滤水处理系统处理水量可按总循环水的 5% 考虑		
2		冷却塔的布置应通风良好，远离高温或有害气体，并应避免飘溢水和蒸发水对环境和电气设备的影响		
3		阀冷控制间应有温度控制措施		
4	技术要求	应满足在任一台冷却塔退出情况下仍能保证直流系统满负荷运行要求，保证在极端工况下，进阀温度低于跳闸值		
5		喷淋泵坑内应设置集水坑，坑内应设置 2 台排污泵，排污泵具备自动启动、手动切换和故障报警功能，集水坑液位宜上传至监控后台		
6		阀外冷房电缆沟封堵良好		

2.4.4 验收记录表格

在工作中对于重要的内容进行专项检查记录，并留档保存。阀外水冷系统整体要求验收记录表见表2-4-4。

表2-4-4 阀外水冷系统整体要求验收记录表

设备名称	验收项目		验收人
	环境要求	技术要求	
极Ⅰ高端阀外水冷系统			
极Ⅰ低端阀外水冷系统			
极Ⅱ高端阀外水冷系统			
极Ⅱ低端阀外水冷系统			

2.4.5 检查评价表格

对工作中检查出的问题进行汇总记录，并进行验收评价，留档保存。阀外水冷系统整体要求验收评价表见表2-4-5。

表2-4-5 阀外水冷系统整体要求验收评价表

检查人	×××	检查日期	××××年××月××日
存在问题汇总			

2.5 阀外水冷系统管道及阀门验收标准作业卡

2.5.1 验收范围说明

本验收作业卡适用于换流站验收工作，验收范围包括双极高、低端阀外水冷系统管道及阀门。

2.5.2 验收准备工作

各阶段验收工作开展前，运检人员应当提前明确验收的时间、人员、机具、仪器工具、图纸资料等，并至少在验收开展的前一天完成准备工作的确认。阀外水冷系统管道及阀门验收准备工作表见表 2-5-1，验收工器具清单见表 2-5-2。

表 2-5-1　　　　　　　　　　　　　　　　　　阀外水冷系统管道及阀门验收准备工作表

序号	项目	工作内容	实施标准	负责人	备注
1	时间安排	验收工作开展前，应当组织业主、厂家、施工、监理、运检人员现场联合勘查，在各方均认为现场满足验收条件后方可开展	（1）阀冷系统管道及阀门安装完成，并完成管路内部清洗及外部清灰工作。 （2）管道及阀门标记标识安装完成。 （3）阀门自锁装置安装完成		
2	人员安排	（1）如人员充足可组织多个验收组同时开展工作。 （2）每个验收组建议至少安排验收人员 1 人，厂家人员 1 人，施工单位 1 人，监理 1 人	验收前成立临时专项验收组，组织验收、施工、厂家、监理人员共同开展验收工作		
3	机具安排	验收工作开展前，准备好验收所需机具、仪器仪表、工器具、安全防护用品、验收记录材料、相关图纸及相关技术资料	（1）机具、仪器仪表、工器具、安全防护用品应试验合格，满足本次施工的要求。 （2）验收记录材料、相关图纸及相关技术资料齐全并符合现场实际情况		
4	验收交底	根据本次作业内容和性质确定好检修人员，并组织学习本作业卡	要求所有工作人员都明确本次工作的作业内容、进度要求、作业标准及安全注意事项		

表 2-5-2　　　　　　　　　　　　　　　　　　阀外水冷系统管道及阀门验收工器具清单

序号	名称	型号	数量	备注
1	安全带	—	2 套	
2	力矩扳手	—	1 套	
3	内六角螺丝刀	—	1 套	
4	绝缘电阻表（1000V）	—	1 台	

2.5.3　验收检查记录表格

阀外水冷系统管道及阀门验收检查记录表见表 2-5-3。

表 2-5-3　　　　　　　　　　　　　　　阀外水冷系统管道及阀门验收检查记录表

序号	验收项目	验收方法及标准	验收结论 (√或×)	备注
1	管道及阀门检查	主水回路介质及流向等标识应正确，管道及阀门运行编号标识清晰可识别		《工业管道的基本识别色、识别符号和安全标识》(GB 7231—2003)
2		与冷却介质接触的各种材料表面不应发生腐蚀。金属材料应采用不锈钢 AI-SI304L 及以上等级的耐腐蚀材料，应具备足够强度，各种材料的老化速度应保证至少 40 年的设计寿命		《高压直流输电换流阀冷却系统技术规范》(Q/GDW 1527—2015)
3		管道表面及连接处无裂纹、无锈蚀，表面不得有明显凹陷。焊缝无明显夹渣、疤痕或沙眼，提供完整的焊缝检验合格报告		
4		阀门位置正确，无松动，阀冷系统各类阀门应装设位置指示和阀门闭锁装置，防止人为误动阀门或阀门在运行中受振动发生变位，引起保护误动		《国家电网有限公司防止换流站事故措施及释义（修订版）》
5		在东北、华北、西北地区，户外有两台主泵长期停运时户外内冷水管道应采取防冻措施。在寒冷地区，阀外冷系统冷却器应装设于防冻棚内，配置足够裕度的暖风机，且具备低温自动启动、手动启动功能，避免低温天气下阀冷系统设备结冰或冻裂		《国家电网有限公司防止换流站事故措施及释义（修订版）》
6		按照技术规范要求对管道及阀门开展压力试验，试验压力应大于或等于设计压力的 1.5 倍，试验时间 1h，设备及管道应无破裂或渗漏现象（试验时，短接与换流阀塔连接处的管道）		《高压直流输电换流阀水冷却设备》(GB/T 30425—2013)
7		检查电动阀电机绝缘电阻不低于 1MΩ（使用 1000V 绝缘电阻表），可正常分合		
8		手动阀可正常分合		
9		管道各法兰连接紧固，满足规定力矩，无渗漏		
10		管道本体表计安装处密封良好，无渗漏		

2.5.4 验收记录表格

在工作中对于重要的内容进行专项检查记录，并留档保存。阀外水冷系统管道及阀门验收记录表见表2-5-4，阀外水冷系统阀门专项检查记录表见表2-5-5，阀外水冷系统力矩专项检查记录表见表2-5-6。

表 2-5-4　　　　　　　　　　　　　　　阀外水冷系统管道及阀门验收记录表

设备名称	验收项目	验收人
	管道及阀门检查	
极Ⅰ高端阀外水冷系统		
极Ⅰ低端阀外水冷系统		
极Ⅱ高端阀外水冷系统		
极Ⅱ低端阀外水冷系统		

表 2-5-5　　　　　　　　　　　　　　　阀外水冷系统阀门专项检查记录表

序号	阀门编号	名称规格	状态	检查项目	验收结论（√或×）
1	V665	蝶阀	常开	检查阀门状态为常开	
2	V448	球阀	常开	检查阀门状态为常开	
3	V754	止回阀	方向正确	方向指示正确	
4	……	……	……	……	

表 2-5-6　　　　　　　　　　　　　　　阀外水冷系统力矩专项检查记录表

序号	位置	名称	螺栓规格	力矩	复查力矩（100%）	验收结论（√或×）
1		外冷水进出水管法兰	M12×60	60N·m	60N·m	
2	喷淋补水回路	喷淋母管法兰	M16×90	80N·m	80N·m	
3		喷淋水管法兰	M20×100	240N·m	240N·m	

序号	位置	名称	螺栓规格	力矩	复查力矩 （100%）	验收结论 （√或×）
4	喷淋补水回路	喷淋泵进出口手柄蝶阀	M20×150	240N·m	240N·m	
5		反渗透装置法兰	M20×120	240N·m	240N·m	
6		喷淋泵进出口法兰	M16×90	120N·m	120N·m	
7		喷淋泵波纹补偿器	M20×110	240N·m	240N·m	
8	……	……	……	……	……	

2.5.5 检查评价表格

对工作中检查出的问题进行汇总记录，并进行验收评价，留档保存。阀外水冷系统管道及阀门验收评价表见表2-5-7。

表 2-5-7　　　　　　　　　　　　　　**阀外水冷系统管道及阀门验收评价表**

检查人	×××	检查日期	××××年××月××日
存在问题汇总			

2.6 阀外水冷系统水处理回路验收标准作业卡

2.6.1 验收范围说明

本验收作业卡适用于换流站验收工作，验收范围包括双极高、低端阀外水冷系统水处理回路。

2.6.2 验收准备工作

各阶段验收工作开展前，运检人员应当提前明确验收的时间、人员、机具、仪器工具、图纸资料等，并至少在验收开展的前一天完成准备工作的确认。阀外水冷系统水处理回路验收准备工作流程表见表2-6-1。验收工器具清单见表2-6-2。

表 2-6-1 阀外水冷系统水处理回路验收准备工作流程表

序号	项目	工作内容	实施标准	负责人	备注
1	时间安排	验收工作开展前，应当组织业主、厂家、施工、监理、运检人员现场联合勘查，在各方均认为现场满足验收条件后方可开展	阀外冷系统水处理回路设备安装调试完成，药剂补充完毕		
2	人员安排	（1）如人员充足可组织多个验收组同时开展工作。 （2）每个验收组建议至少安排验收人员1人，厂家人员1人，施工单位1人，监理1人	验收前成立临时专项验收组，组织验收、施工、厂家、监理人员共同开展验收工作		
3	机具安排	验收工作开展前，准备好验收所需机具、仪器仪表、工器具、安全防护用品、验收记录材料、相关图纸及相关技术资料	（1）机具、仪器仪表、工器具、安全防护用品应试验合格，满足本次施工的要求。 （2）验收记录材料、相关图纸及相关技术资料齐全并符合现场实际情况		
4	验收交底	根据本次作业内容和性质确定好检修人员，并组织学习本作业卡	要求所有工作人员都明确本次工作的作业内容、进度要求、作业标准及安全注意事项		

表 2-6-2 阀外水冷系统水处理回路验收工器具清单

序号	名称	型号	数量	备注
1	安全带	—	2套	
2	活口扳手	—	1套	
3	内六角螺丝刀	—	1套	
4	一字螺丝刀	—	1把	
5	便携式手电筒	—	2支	
6	绝缘电阻表	—	1台	

2.6.3 验收检查记录表格

阀外水冷系统水处理回路验收检查记录表见表 2-6-3。

表 2-6-3

阀外水冷系统水处理回路验收检查记录表

序号	验收项目	验收方法及标准	验收结论（√或×）	备注
1	一般要求	工业水源稳定、可靠，供水能力及水质应满足技术规范书或技术协议要求		
2		软化单元进水阀功能正常，无渗漏，无锈蚀。补水、再生功能正常		
3	加药装置	加药装置工作正常，缓蚀剂、阻垢剂、杀菌剂（药剂）合格证齐全在有效期内，药桶中药水充满，无渗漏		
4		阀门和液位开关位置正确		
5		加药泵电机线圈对地绝缘电阻不低于 1MΩ（使用 1000V 绝缘电阻表），运转正常		
6	反渗透单元（若有）	保安过滤器应能在不中断阀冷系统运行的条件下进行清洗或更换，滤芯清洁无杂质		
7		各压力表工作正常，过滤器、压力泵、渗透膜前后压力值正常		
8		渗透水支路、浓缩水支路、再循环水支路流量正常，电导率符合要求，水温符合要求		
9		产水水量、水质满足设计要求，具备水质检测合格报告		
10		回收率满足设计要求		
11		过滤器压差满足设计要求		
12	软水模块（软化加药方式）	软水功能正常（软化、再生、反洗），产水水量满足设计要求		
13		设备无渗水，软水树脂已添加		
14		盐池或盐箱浓度、水位应正常		
15		盐池或盐箱补水功能应正常		
16		罐体多路阀功能正常，参数设定正确		
17	旁滤装置	检查旁滤循环泵（自循环泵）电机绝缘电阻不低于 1MΩ（使用 1000V 绝缘电阻表），相间电阻基本相同，各绕组直流电阻值相互差别不应超过最小值的 2%		
18		循环泵连接部位及轴封处无渗漏		

序号	验收项目	验收方法及标准	验收结论（√或×）	备注
19	旁滤装置	循环泵振动、声音正常平稳		
20		过滤罐前后压差正常，功能正常无报警		
21		反洗及过滤时阀门状态正确		
22		电导率传感器正常，无报警，数据上送正常		
23	功能测试	对软化单元功能进行测试：在软化单元罐体多路阀控制面板处进行步进操作，检查过滤、反洗、再生、慢洗、正洗、软化功能执行正确		
24		对反渗透单元冲洗功能进行测试：在阀外水冷控制屏柜启动反渗透清洗功能，检查清洗过程中高压泵启动、相关电动阀动作到位、反渗透产水流量降低，确认反渗透清洗功能逻辑动作正确		
25		对旁滤回路反冲洗功能进行测试：在自循环回路运行工况下，在阀外冷控制屏步进切换旁滤回路反洗功能，就地检查阀门动作及排污流量情况满足动作逻辑要求		

2.6.4 验收记录表格

在工作中对于重要的内容进行专项检查记录，并留档保存。阀外水冷系统水处理回路验收记录表见表 2-6-4，阀外水冷系统水处理回路绝缘直阻专项检查记录表见表 2-6-5，阀外水冷系统功能验证检查记录表见表 2-6-6。

表 2-6-4 　　　　　　　　　　　　　　阀外水冷系统水处理回路验收记录表

设备名称	验收项目						验收人
	一般要求	加药装置	反渗透单元（若有）	软水模块（软化加药方式）	旁滤装置	功能测试	
极Ⅰ高端阀外水冷系统							
极Ⅰ低端阀外水冷系统							
极Ⅱ高端阀外水冷系统							
极Ⅱ低端阀外水冷系统							

表 2-6-5 外水冷系统水处理回路绝缘直阻专项检查记录表

序号	名称	A—地（MΩ）	B—地（MΩ）	C—地（MΩ）	A—B（Ω）	B—C（Ω）	C—A（Ω）	验收结论（√或×）
1	××水泵（1000V，>1MΩ，直阻对比不超过2%）							
2	……	……	……	……	……	……	……	

表 2-6-6 阀外水冷系统功能验证检查记录表

序号	检验项目	检验方法	检验标准	验收结论（√或×）
1	交流电源功能检验	断开交流电源进线开关，模拟交流电源柜1号交流电源故障	报警"××交流电源柜1号交流电源故障"产生	
2		……	……	
3	交流电源手动切换功能	交流电源柜1号交流电源投入，进入外水冷系统控制柜交流电源切换页面，点击交流电源柜"1/2号切换"按钮	显示状态"交流电源柜1号交流电源投入"消失。显示状态"交流电源柜2号交流电源投入"产生	
4		……	……	
5	交流电源故障切换功能	交流电源柜1号交流电源投入，断开交流电源柜1号交流电源进线开关，模拟交流电源柜1号交流电源故障	报警"××交流电源柜1号交流电源故障"产生。显示状态"交流电源柜1号交流电源投入"消失。显示状态"交流电源柜2号交流电源投入"产生	
6		……	……	
7	加热器	用电位计模拟加热器投退逻辑对应传感器（冷却器回水温度或进阀温度）温度值，满足外冷加热器启停要求	相应加热器启停逻辑正确	
8		……	……	

序号	检验项目	检验方法	检验标准	验收结论（√或×）
9	自循环过滤器	模拟自循环启动条件（如换流阀解锁、冷却塔启动等），在控制屏手动启停或将自动清洗周期设置成便于现场检查的定值（如5min）	检查自循环过滤器过滤及反洗状态动作逻辑及周期、时长符合要求，阀门动作情况满足逻辑要求，自动排污满足逻辑及定值要求	
10		……	……	
11	自循环排污	模拟自循环启动条件（如换流阀解锁、冷却塔启动等），在控制屏手动启停或将自动排污电导率、周期设置成便于现场检查的定值（如5min或低电导率启动）	检查自循环排污状态满足动作逻辑、周期及时长要求，阀门开关状态满足逻辑要求	
12		……	……	
13	多路阀	在现场就地多路阀进行步进操作	检查多路阀"过滤—反洗—正洗—过滤"状态动作逻辑、周期及时长正确，与后台状态一致	
14		……	……	
15	高压泵	在控制柜断开高压泵运行开关，模拟高压泵故障	报高压泵故障报文，若为在运高压泵切至另一高压泵运行	
16		……	……	
17	反渗透	在控制屏手动启动或将反渗透启停周期设置成便于现场检查的定值（如低水量启动或5min）	检查反渗透制水及冲洗状态，阀门动作正常，反渗透冲洗周期及时长满足逻辑及定值要求	
18		……	……	
19	排污泵	手动拉起液位浮球或在控制屏模拟排污泵手自动启停	排污泵手自启停逻辑顺序及后台报文正确	
20		……	……	

序号	检验项目	检验方法	检验标准	验收结论（√或×）
21	加药装置	在控制屏点击加药装置启停按钮	加药装置手动启停逻辑正确，自动加药周期及时长满足定值单要求	
22		手动拉起液位浮球，模拟液位低报警及复归	后台报警信息正确	
23		……	……	

2.6.5 检查评价表格

对工作中检查出的问题进行汇总记录，并进行验收评价，留档保存。阀外水冷系统水处理回路验收评价表见表2-6-7。

表 2-6-7 阀外水冷系统水处理回路验收评价表

检查人	×××	检查日期	××××年××月××日
存在问题汇总			

2.7 阀外水冷系统水池及泵机设备验收标准作业卡

2.7.1 验收范围说明

本验收作业卡适用于换流站验收工作，验收范围包括双极高、低端阀外水冷系统水池及泵机设备。

2.7.2 验收准备工作

各阶段验收工作开展前，运检人员应当提前明确验收的时间、人员、机具、仪器工具、图纸资料等，并至少在验收开展的前一天完成准备工作的确认。阀外水冷系统水池及泵机设备验收准备工作表见表2-7-1，验收工器具清单见表2-7-2。

表 2-7-1 阀外水冷系统水池及泵机设备验收准备工作表

序号	项目	工作内容	实施标准	负责人	备注
1	时间安排	验收工作开展前，应当组织业主、厂家、施工、监理、运检人员现场联合勘查，在各方均认为现场满足验收条件后方可开展	(1) 水池部署完成，池内介质补充完毕。 (2) 工业水泵及高压泵设备安装调试完成		
2	人员安排	(1) 如人员充足可组织多个验收组同时开展工作。 (2) 每个验收组建议至少安排验收人员1人，厂家人员1人，施工单位1人，监理1人	验收前成立临时专项验收组，组织验收、施工、厂家、监理人员共同开展验收工作		
3	机具安排	验收工作开展前，准备好验收所需机具、仪器仪表、工器具、安全防护用品、验收记录材料、相关图纸及相关技术资料	(1) 机具、仪器仪表、工器具、安全防护用品应试验合格，满足本次施工的要求。 (2) 验收记录材料、相关图纸及相关技术资料齐全并符合现场实际情况		
4	验收交底	根据本次作业内容和性质确定好检修人员，并组织学习本作业卡	要求所有工作人员都明确本次工作的作业内容、进度要求、作业标准及安全注意事项		

表 2-7-2 阀外水冷系统水池及泵机设备验收工器具清单

序号	名称	型号	数量	备注
1	安全带	—	2套	
2	活口扳手	—	1套	
3	内六角螺丝刀	—	1套	
4	一字螺丝刀	—	1把	
5	绝缘电阻表	—	1台	
6	便携式手电筒	—	2支	
7	含氧量测试仪	—	2台	

2.7.3 验收检查记录表格

阀外水冷系统水池及泵机设备验收检查记录表见表 2-7-3。

表 2-7-3　　　　　　　　　　　　　　　　　阀外水冷系统水池及泵机设备验收检查记录表

序号	验收项目	验收方法及标准	验收结论（√或×）	备注
1	盐池（若有）	盐池应设置液位监测及报警功能，液位开关应冗余配置，盐池液位开关工作正常		
2		盐池应采取防渗漏措施，无渗漏水现象		
3		盐池应采取防腐蚀设计		
4	喷淋水池	喷淋水池应采用防渗水设计，防水施工完成后应进行闭水试验，无渗漏水现象		
5		喷淋水池顶部应设置排气孔		
6		喷淋水池应具有排污、放空和溢流设施		
7		喷淋水池喷淋水水质可参照 GB 50050 的规定控制		
8		阀外水冷房电缆沟封堵良好，不会发生水淹泵房的故障		《工业循环冷却水处理设计规范》(GB/T 50050—2017)
9		水池应配置两套电容式液位传感器，并设置高低液位报警，工作正常		
10		水池手动、自动补水功能正常，自动补水至规定位置后自动停止补水		
11	工业水泵及高压泵（若有）	外观无锈蚀，无渗漏		
12		润滑油的油位正常（若有）		
13		检查电机绝缘电阻不低于 1MΩ（使用 1000V 绝缘电阻表）		

2.7.4 验收记录表格

在工作中对于重要的内容进行专项检查记录，并留档保存。阀外水冷系统水池及泵机设备验收记录表见表 2-7-4，阀外水冷系统工业水泵及高压泵绝缘直阻专项检查记录表见表 2-7-5。

表 2-7-4 阀外水冷系统水池及泵机设备验收记录表

设备名称	验收项目			验收人
	盐水池（若有）	喷淋水池	原水泵及高压泵（若有）	
极Ⅰ高端阀外水冷系统				
极Ⅰ低端阀外水冷系统				
极Ⅱ高端阀外水冷系统				
极Ⅱ低端阀外水冷系统				

表 2-7-5 阀外水冷系统工业水泵及高压泵绝缘直阻专项检查记录表

序号	名称	A—地（MΩ）	B—地（MΩ）	C—地（MΩ）	A—B（Ω）	B—C（Ω）	C—A（Ω）	验收结论（√或×）
1	××水泵（1000V，>1MΩ，直阻对比不超过2%）							
2	……	……	……	……	……	……	……	

2.7.5 检查评价表格

对工作中检查出的问题进行汇总记录，并进行验收评价，留档保存。阀外水冷系统水池及泵机设备验收评价表见表 2-7-6。

表 2-7-6 阀外水冷系统水池及泵机设备验收评价表

检查人	×××	检查日期	××××年××月××日
存在问题汇总			

2.8 阀外水冷系统冷却回路验收标准作业卡

2.8.1 验收范围说明

本验收作业卡适用于换流站验收工作，验收范围包括双极高、低端阀外水冷系统冷却回路。

2.8.2　验收准备工作

各阶段验收工作开展前，运检人员应当提前明确验收的时间、人员、机具、仪器工具、图纸资料等，并至少在验收开展的前一天完成准备工作的确认。阀外水冷系统冷却回路验收准备工作表见表 2-8-1，验收工器具清单见表 2-8-2。

表 2-8-1　　　　　　　　　　　　　　　　　　　　　　阀外水冷系统冷却回路验收准备工作表

序号	项目	工作内容	实施标准	负责人	备注
1	时间安排	验收工作开展前，应当组织业主、厂家、施工、监理、运检人员现场联合勘查，在各方均认为现场满足验收条件后方可开展	（1）冷却塔及喷淋泵设备设施安装完成，功能调试完毕。 （2）阀外水冷控制系统回路连接完成，屏柜内布置整理完成，功能调试完毕		
2	人员安排	（1）如人员充足可组织多个验收组同时开展工作。 （2）每个验收组建议至少安排验收人员 1 人，厂家人员 1 人，施工单位 1 人，监理 1 人	验收前成立临时专项验收组，组织验收、施工、厂家、监理人员共同开展验收工作		
3	机具安排	验收工作开展前，准备好验收所需机具、仪器仪表、工器具、安全防护用品、验收记录材料、相关图纸及相关技术资料	（1）机具、仪器仪表、工器具、安全防护用品应试验合格，满足本次施工的要求。 （2）验收记录材料、相关图纸及相关技术资料齐全并符合现场实际情况		
4	验收交底	根据本次作业内容和性质确定好检修人员，并组织学习本作业卡	要求所有工作人员都明确本次工作的作业内容、进度要求、作业标准及安全注意事项		

表 2-8-2　　　　　　　　　　　　　　　　　　　　　　阀外水冷系统冷却回路验收工器具清单

序号	名称	型号	数量	备注
1	安全带	—	2 套	
2	活口扳手	—	1 套	
3	内六角螺丝刀	—	1 套	
4	力矩扳手	—	1 套	

序号	名称	型号	数量	备注
5	一字螺丝刀	—	1把	
6	绝缘电阻表	—	1台	
7	万用表	—	1台	
8	便携式手电筒	—	2支	
9	红外测温仪	—	1台	

2.8.3 验收检查记录表格

阀外水冷系统冷却回路验收检查记录表见表 2-8-3。

表 2-8-3　　　　　　　　　　阀外水冷系统冷却回路验收检查记录表

序号	验收项目	验收方法及标准	验收结论（√或×）	备注
1		设备铭牌、运行编号标识齐全、清晰		
2	冷却塔	冷却塔应采用引风式或鼓风式结构形式。冷却塔塔体整体应采用框架结构，框架、底座、换热盘管、集水盘、风筒采用不锈钢 AISI304L 及以上等级制造并应具有足够的强度		《高压直流输电换流阀冷却系统技术规范》(Q/GDW 1527—2015)
3		风机高度大于 1.5m 时，冷却塔应装设从地面通向塔顶的扶梯，扶梯应保持一定坡度，并在扶梯四周设置护栏，当场地布置空间有限时，可考虑装设有防护罩的垂直爬梯		
4		在不影响进风的前提下，应在冷却塔侧风口处交错安装降噪棉或格栅挡板以防止杂物进入冷却塔。冷却塔喷淋水回水口应设置不锈钢滤网，以防止杂物流入缓冲水池		
5		冷却塔冗余配置，所有冷却塔总冷却容量的裕度应不小于 50%（单台冷却塔故障，其余冷却塔冷却容量应满足满负荷运行的要求）		《高压直流输电换流阀冷却系统技术规范》(Q/GDW 1527—2015)

序号	验收项目	验收方法及标准	验收结论（√或×）	备注
6	冷却塔	冷却塔风扇、喷淋泵应冗余配置。每台冷却塔宜配备 2 台卧式喷淋泵，一用一备。单台风扇和喷淋泵故障不得停运整台冷却塔		
7		阀外水冷系统冷却塔风挡状态不应作为冷却塔投退的条件，防止风挡位置信号误报导致冷却塔退出运行		《国家电网有限公司防止换流站事故措施及释义（修订版）》
8		为便于检修和维护，风扇电机应就地设置安全开关，安全开关应有防雨防潮措施		
9		风扇电机的绝缘等级不低于 F 级，防护等级不低于 IP55		《高压直流输电换流阀冷却系统技术规范》(Q/GDW 1527—2015)
10		冷却盘管应由多组蛇形换热管组成，换热盘管采用 AISI316L 及以上等级不锈钢材质，盘管宜采用连续制管工艺，避免焊接造成漏水隐患		《高压直流输电换流阀冷却系统技术规范》(Q/GDW 1527—2015)
11		每组换流盘管应先经过探伤检测和压力试验，合格后再组装，组装完成后应再进行 2.5MPa 的水压或气压试验，保压时长不小于 2h，压力试验次数应不小于 3 次，应有试验报告		
12		冷却塔内喷淋管喷嘴无堵塞无破损，回水过滤器无破损，水流均匀		
13		风扇电机宜配置变频器，电机应能在冷却系统要求的转速下运行。风扇电机变频器保护配置应正确，工作正常。风扇电机宜采用外挂式，应进行绝缘、密封检查和防腐除锈处理，避免运行期间绝缘降低导致风机停运。检查电机绝缘电阻不低于 1MΩ（使用 1000V 绝缘电阻表），各绕组直流电阻值相互差别不应超过最小值的 2%		
14		阀外水冷 N 台冷却塔，需站用电系统提供 2N＋2 路外部交流电源进线		《国家电网有限公司防止换流站事故措施及释义（修订版）》
15		阀外水冷系统喷淋泵、冷却风机的两路电源应取自不同母线，且相互独立，不应有共用元件		《国家电网有限公司防止换流站事故措施及释义（修订版）》
16		其他水处理及辅助设备由另外 2 段母线供电，并设置双电源切换装置		
17		冷却风机的变频回路和工频回路应具有电气联锁隔离功能，避免变频和工频回路同时运行。冷却风机正常工作在变频调速状态，异常时工作在工频状态		

序号	验收项目	验收方法及标准	验收结论（√或×）	备注
18	冷却塔	外冷电源切换装置控制电源各自独立，没有共用，电源自动切换装置功能正常		
19		冷却塔风扇叶片清洁无变形。冷却塔蛇形管无杂物。栅栏和积水箱清理无杂物		
20		风机无锈蚀部位。轴承转动均匀，无卡涩，无磨损，必要时补充润滑油脂		
21		冷却塔外观无锈蚀，螺栓紧固，无渗漏水现象		
22		冷却塔综合噪声应不大于 80dB（A）		《高压直流输电换流阀冷却系统技术规范》(Q/GDW 1527—2015)
23		风机变频器的保护定值正确。变频器的电压、电流测量精度满足要求		
24		检查动力柜接线紧固，无烧蚀变色。冷却塔风机动力回路运行 24h 后进行红外测温		
25	喷淋泵	外观无锈蚀，无渗漏。运行时无异常声响、无异常振动，无过热（红外记录）		
26		喷淋泵电机的绝缘等级不低于 F 级，防护等级不低于 IP55。喷淋泵同心度正常，偏差小于 0.2mm。喷淋泵电机绕组绝缘电阻不低于 1MΩ（使用 1000V 绝缘电阻表），各绕组直流电阻值相互差别不应超过最小值的 2%		
27		阀外水冷系统同一冷却塔的两台冗余喷淋泵电源应取自不同母线，且相互独立，不应有共用元件。喷淋泵控制电源各自独立，没有共用		《国家电网有限公司防止换流站事故措施及释义（修订版）》
28		阀外水冷系统喷淋泵宜依次启动，避免同时启动时启动电流过大。互为备用的两台喷淋泵应具有定期切换、故障切换和手动切换功能		《国家电网有限公司防止换流站事故措施及释义（修订版）》
29		喷淋泵首次启动应检测缓冲水池液位，液位低时禁止启动。喷淋泵运行过程中，当出现缓冲水池液位低报警时禁止停运喷淋泵		《国家电网有限公司防止换流站事故措施及释义（修订版）》
30		喷淋泵电机宜采用工频直接启动模式运行，喷淋泵应具备手动强投功能，当控制系统发生故障时，能强行启动喷淋泵。为便于检修和维护，喷淋泵电机侧应增加安全隔离开关		
31		喷淋泵连续运行 24h 后，喷淋泵的机封无渗漏，电机的轴承、电机的外壳、电机的接线柱温度正常		

序号	验收项目	验收方法及标准	验收结论（√或×）	备注
32	喷淋泵	泵坑墙壁无渗漏水现象，泵坑无积水，排污泵功能正常		
33	阀外水冷控制系统	继电器、空气开关、接触器工作正常，无老化、破损、发热现象。控制柜内板卡、模块工作正常、无报警指示		
34		端子排无松动、锈蚀、破损现象，运行及备用端子均有编号，且与竣工图纸保持一致		
35		换流阀外水冷喷淋塔风扇电机及其接线盒应采取防潮防锈措施		《国家电网有限公司防止换流站事故措施及释义（修订版）》
36		二次电缆接线布置整齐、无松动。电缆绝缘层无变色、损坏现象。电缆接地线完好，电缆号头、走向标示牌无缺失现象。二次回路电缆绝缘良好		
37		阀外冷水系统的冷却风机宜采用变频调速模式，当采用变频控制和调节冷却风机运行时，应增加工频强投回路，确保当变频器异常时，能通过工频回路继续控制冷却风机运行		《高压直流输电换流阀冷却系统技术规范》（Q/GDW 1527—2015）
38		阀外水冷风机应分组启停控制，且每组风机宜依次启停控制。当单组风机长期运行时，应具有整组风机定时切换、手动切换及故障切换功能		
39		核查各元件、继电器的参数值设置正确。核对阀外水冷控制系统定值与定值单整定一致		
40		核查阀外水冷系统水温、电导率、水位等传感器的测量值比对结果正常。 （1）对同一测点的温度测量值相互比对差异不应超过±0.3℃。 （2）对同一测点的电导率测量值相互比对差异不应超过报警定值的30%。 （3）对同一测点的液位测量值相互比对差异值不应超液位计的量程的3%		（1）《高压直流输电换流阀冷却系统技术规范》（Q/GDW 1527—2015）。 （2）直流输电阀冷系统仪表检测导则施及释义（修订版）》（DL/T 1582—2016）
41		喷淋泵安全开关监视回路信号电源与PLC工作电源各自独立，没有共用		
42		阀外水冷系统所有冷却器信号电源不应采用同一路电源，防止单一空开故障后信号状态全丢。开入信号全丢时，保持冷却塔正常运行，不得停运冷却塔		《国家电网有限公司防止换流站事故措施及释义（修订版）》

序号	验收项目	验收方法及标准	验收结论（√或×）	备注
43	阀外水冷控制系统	"内冷系统停运""内冷系统电加热器停运"等外部开入信号不能用于对外冷系统喷淋泵及冷却塔风机的控制		
44		信号正常，传感器配置正确，冗余性满足要求，有校验记录，精度满足要求，有自检功能		

2.8.4 验收记录表格

在工作中对于重要的内容进行专项检查记录，并留档保存。阀外水冷系统冷却回路验收记录表见表2-8-4，阀外水冷系统冷却回路绝缘直阻专项检查记录表见表2-8-5，阀外水冷系统冷却回路功能验证专项检查记录表见表2-8-6。

表2-8-4　　　　　　　　　　　　　　　阀外水冷系统冷却回路验收记录表

设备名称	验收项目			验收人
	冷却塔	喷淋泵	阀外水冷控制系统	
极Ⅰ高端阀外水冷系统				
极Ⅰ低端阀外水冷系统				
极Ⅱ高端阀外水冷系统				
极Ⅱ低端阀外水冷系统				

表2-8-5　　　　　　　　　　　　　阀外水冷系统冷却回路绝缘直阻专项检查记录表

序号	名称	A－地（MΩ）	B－地（MΩ）	C－地（MΩ）	A－B（Ω）	B－C（Ω）	C－A（Ω）	验收结论（√或×）
1	××水泵（1000V，>1MΩ，直阻对比不超过2%）							
2	……	……	……	……	……	……	……	
3	××风机（1000V，>1MΩ，直阻对比不超过2%）							
4	……	……	……	……	……	……	……	

表 2-8-6阀外水冷系统冷却回路功能验证专项检查记录表

序号	检验项目	检验方法	检验标准	验收结论（√或×）
1	闭式冷却塔启停	通过电位计模拟冷却塔投退逻辑对应传感器（冷却器回水温度或进阀温度）温度值，满足定值单启停冷却塔的要求	相应冷却塔风机及喷淋泵启停动作逻辑正确	
2		······	······	
3	喷淋泵运行时出现压力低	通过电位计或减小喷淋泵进水阀门开度，模拟喷淋泵出水压力＜压力低设定值	喷淋泵切换到备用喷淋泵运行。报"第 X 组喷淋泵出水压力低""第 X 组喷淋泵压力低切换，请就地确认"告警信息	
4		······	······	
5	第 X 组喷淋泵压力低切换，请就地确认	在控制屏按下喷淋泵压力切换报警"确认"按钮	"第 X 组喷淋泵压力低切换，请就地确认"消失	
6		······	······	
7	选择喷淋泵运行	喷淋泵运行时，在控制屏按下喷淋泵"切换"按钮或断开相应断路器，切至另一台喷淋泵运行	喷淋泵切换到另一喷淋泵运行，并报出相应报警	
8		······	······	
9	冷却塔风机变频故障	冷却塔变频风机运行时，断开相应变频开关，模拟变频器故障	报相应冷却塔风机变频器故障及请就地确认报文，并自动切至工频回路运行	
10		······	······	
11	冷却塔风机变频故障切至工频，请就地确认	在相应风机变频器上按下风机变频故障切工频报警"复位"按钮	告警复位	
12		······	······	
13	冷却塔风机变频器故障解除后，再次投入变频运行	工频投入时，在控制屏上按下"变工频切换"	工频风机运行 X 秒后（符合定值要求），投入变频运行	

序号	检验项目	检验方法	检验标准	验收结论（√或×）
14	选择冷却塔风机工频运行	冷却塔风机变频投入时，在控制屏上按下"变工频切换"	冷却塔风机由变频运行切换到工频运行	
15		……	……	
16	选择冷却塔风机变频运行	冷却塔风机工频投入时，在控制屏上按下"变工频切换"	冷却塔风机由工频运行切换到变频运行	
17		……	……	

2.8.5 检查评价表格

对工作中检查出的问题进行汇总记录，并进行验收评价，留档保存。阀外水冷系统冷却回路验收评价表见表 2-8-7。

表 2-8-7 阀外水冷系统冷却回路验收评价表

检查人	×××	检查日期	××××年××月××日
存在问题汇总			

2.9 阀外水冷系统配电柜验收标准作业卡

2.9.1 验收范围说明

本验收作业卡适用于换流站验收工作，验收范围包括双极高、低端阀外水冷系统配电柜。

2.9.2 验收准备工作

各阶段验收工作开展前，运检人员应当提前明确验收的时间、人员、机具、仪器工具、图纸资料等，并至少在验收开展的前一天完成准备工作的确认。阀外水冷系统配电柜验收准备工作表见表 2-9-1。验收工器具清单见表 2-9-2。

表 2-9-1 阀外水冷系统配电柜验收准备工作表

序号	项目	工作内容	实施标准	负责人	备注
1	时间安排	验收工作开展前,应当组织业主、厂家、施工、监理、运检人员现场联合勘查,在各方均认为现场满足验收条件后方可开展	配电柜相关电气回路连接完成,屏柜内布置整理完成,功能调试完毕		
2	人员安排	(1) 如人员充足可组织多个验收组同时开展工作。 (2) 每个验收组建议至少安排验收人员1人,厂家人员1人,施工单位1人,监理1人	验收前成立临时专项验收组,组织验收、施工、厂家、监理人员共同开展验收工作		
3	机具安排	验收工作开展前,准备好验收所需机具、仪器仪表、工器具、安全防护用品、验收记录材料、相关图纸及相关技术资料	(1) 机具、仪器仪表、工器具、安全防护用品应试验合格,满足本次施工的要求。 (2) 验收记录材料、相关图纸及相关技术资料齐全并符合现场实际情况		
4	验收交底	根据本次作业内容和性质确定好检修人员,并组织学习本作业卡	要求所有工作人员都明确本次工作的作业内容、进度要求、作业标准及安全注意事项		

表 2-9-2 阀外水冷系统配电柜验收工器具清单

序号	名称	型号	数量	备注
1	一字螺丝刀	—	1把	
2	绝缘电阻表	—	1台	
3	万用表	—	1台	
4	红外测温仪	—	1台	

2.9.3 验收检查记录表格

阀外水冷系统配电柜验收检查记录表见表 2-9-3。

表 2-9-3   阀外水冷系统配电柜验收检查记录表

序号	验收项目	验收方法及标准	验收结论（√或×）	备注
1	外观	设备外观完好、无损伤。柜体的固定连接应牢固，接地可靠。电器元件固定牢固，盘上标志、回路名称、表计及指示灯正确、齐全、清晰		
2		导线外观绝缘层应完好，导线连接（螺接、插接、焊接或压接）应牢固、可靠		
3		柜内空气开关、动力电缆接头处等无异常温升、温差，所有元器件工作正常。柜内无异常声响		
4		配电柜各动力电缆对地绝缘大于 0.5MΩ（500V）		《电气装置安装工程电气设备交接试验标准》(GB 50150—2016)
5	保护	柜内元件无异常告警信号、定值正确		

2.9.4 验收记录表格

在工作中对于重要的内容进行专项检查记录，并留档保存。阀外水冷系统配电柜验收记录表见表 2-9-4，阀外水冷系统配电柜绝缘专项检查记录表见表 2-9-5。

表 2-9-4   阀外水冷系统配电柜验收记录表

设备名称	验收项目		验收人
	外观	保护	
极Ⅰ高端阀外水冷系统			
极Ⅰ低端阀外水冷系统			
极Ⅱ高端阀外水冷系统			
极Ⅱ低端阀外水冷系统			

表 2-9-5   阀外水冷系统配电柜绝缘专项检查记录表

序号	名称	A—地（MΩ）	B—地（MΩ）	C—地（MΩ）	验收结论（√或×）
1	××屏二次电缆 （500V，大于 0.5MΩ）				
2	……	……	……	……	

2.9.5 检查评价表格

对工作中检查出的问题进行汇总记录，并进行验收评价，留档保存。阀外水冷系统配电柜验收评价表见表 2-9-6。

表 2-9-6   阀外水冷系统配电柜验收评价表

检查人	×××	检查日期	××××年××月××日
存在问题汇总			

2.10 阀外水冷系统投运前检查标准作业卡

2.10.1 验收范围说明

本验收作业卡适用于换流站投运前检查工作，验收范围包括双极高、低端阀外水冷系统。

2.10.2 验收准备工作

各阶段验收工作开展前，运检人员应当提前明确验收的时间、人员、机具、仪器工具、图纸资料等，并至少在验收开展的前一天完成准备工作的确认。阀外水冷系统投运前检查准备工作表见表 2-10-1，验收工器具清单见表 2-10-2。

表 2-10-1   阀外水冷系统投运前检查准备工作表

序号	项目	工作内容	实施标准	负责人	备注
1	时间安排	验收工作开展前，应当组织业主、厂家、施工、监理、运检人员现场联合勘查，在各方均认为现场满足验收条件后方可开展	（1）所有阀外水冷系统验收完成后。 （2）阀内冷系统投运前		

序号	项目	工作内容	实施标准	负责人	备注
2	人员安排	（1）如人员充足可组织多个验收组同时开展工作。 （2）每个验收组建议至少安排验收人员1人，厂家人员1人，施工单位1人，监理1人	验收前成立临时专项验收组，组织验收、施工、厂家、监理人员共同开展验收工作		
3	机具安排	验收工作开展前，准备好验收所需机具、仪器仪表、工器具、安全防护用品、验收记录材料、相关图纸及相关技术资料	（1）机具、仪器仪表、工器具、安全防护用品应试验合格，满足本次施工的要求。 （2）验收记录材料、相关图纸及相关技术资料齐全并符合现场实际情况		
4	验收交底	根据本次作业内容和性质确定好检修人员，并组织学习本作业卡	要求所有工作人员都明确本次工作的作业内容、进度要求、作业标准及安全注意事项		

表 2-10-2　　　　　　　　　　阀外水冷系统投运前验收工器具清单

序号	名称	型号	数量	备注
1	一字螺丝刀	—	1把	
2	绝缘电阻表	—	1台	
3	万用表	—	1台	
4	安全带	—	2套	
5	红外测温仪	—	1台	

2.10.3　验收检查记录表格

阀外水冷系统投运前检查记录表见表2-10-3。

表 2-10-3　　　　　　　　　　阀外水冷系统投运前检查记录表

序号	验收项目	验收方法及标准	验收结论（√或×）	备注
1	外观	检查设备外观正常。无异常报警或保护动作信号		
2	管道及阀门	管道及阀门运行过程中无异常振动，无漏水、溢水现象。阀门位置正确		

序号	验收项目	验收方法及标准	验收结论（√或×）	备注
3	工业水泵及高压泵（若有）	运行时无异常声响、无异常振动，无过热（红外记录）		
4	喷淋泵	运行时无异常声响、无异常振动，无过热（红外记录）		
5	冷却塔	运行时无异常声响、无异常振动，无过热（红外记录）		
6	测量值	阀外水冷系统水温、电导率、水位等传感器的测量值比对结果正常		
7	控制	阀外水冷控制、自检等功能正常，定值正确，相关事件信号上送正常		
8	连续运行试验	连续运行试验不小于72h，连续运行试验期间应无任何报警、发热、漏水现象		

2.10.4 验收记录表格

在工作中对于重要的内容进行专项检查记录，并留档保存。阀外水冷系统投运前检查验收记录表见表2-10-4。

表 2-10-4 阀外水冷系统投运前检查验收记录表

设备名称	验收项目										验收人
	外观	管道及阀门	工业水泵及高压泵（若有）	喷淋泵	冷却塔	试验	测量值	控制	连续运行试验	
极Ⅰ高端阀外水冷系统										
极Ⅰ低端阀外水冷系统										
极Ⅱ高端阀外水冷系统										
极Ⅱ低端阀外水冷系统										

2.10.5 检查评价表格

对工作中检查出的问题进行汇总记录，并进行验收评价，留档保存。阀外水冷系统投运前检查评价表见表2-10-5。

表 2-10-5 阀外水冷系统投运前检查评价表

检查人	×××	检查日期	××××年××月××日
存在问题汇总			

第3章 阀外风冷系统

3.1 应用范围

本作业指导书适用于换流站阀外风冷系统设备交接试验和竣工验收工作，部分验收项目需根据实际情况提前安排，通过随工验收、资料检查等方式开展，旨在指导并规范现场验收工作。

3.2 规范依据

本作业指导书的编制依据并不限于以下文件：

1.《国家电网有限公司防止换流站事故措施及释义（修订版）》

2.《电气装置安装工程电气设备交接试验标准》(GB 50150—2016)

3.《工业管道的基本识别色、识别符号和安全标识》(GB 7231—2003)

4.《高压直流输电换流阀水冷却设备》(GB/T 30425—2013)

5.《国家电网公司直流换流站验收管理规定 第17分册 阀外风冷系统验收细则》

3.3 验收方法

3.3.1 验收流程

阀外风冷系统专项验收工作应参照表3-3-1的内容顺序开展，并在验收工作中把握关键时间节点。

表3-3-1　　　　　　　　　　　　　　　　　阀外风冷系统专项验收流程表

序号	验收项目	主要工作内容	参考工时	开展验收需满足的条件
1	阀外风冷管道、阀门及附件验收	（1）阀外风冷管道及阀门检查。 （2）阀外风冷传感器检查	2h/阀组	阀外风冷系统安装及注水完成
2	阀外风冷空气冷却器验收	（1）阀外风冷风机、管束、百叶窗、控制箱、加热器等空冷器配套设备外观检查。 （2）风机电机、加热器直阻、绝缘测试	8h/阀组	阀外风冷系统安装及注水完成

序号	验收项目	主要工作内容	参考工时	开展验收需满足的条件
3	阀外风冷控制屏柜验收	(1) 阀外风冷配电柜及控制柜外观检查。 (2) 阀外风冷二次回路绝缘检查。 (3) 阀外风冷事件上送、后台界面显示核对检查。 (4) 变频器功能检查。 (5) 柜内电器元件参数定值检查	2h/阀组	(1) 阀外风冷系统安装完成。 (2) 阀外风冷系统信号已接入后台
4	阀外风冷控制逻辑验收	(1) 阀外风冷风机控制逻辑验收。 (2) 阀外风冷电加热器控制逻辑验收。 (3) 阀外风冷风机手动强投功能试验	2h/阀组	(1) 阀外风冷系统安装完成。 (2) 阀外风冷控制屏柜验收完成
5	阀外风冷系统投运前检查	(1) 阀外风冷水管、阀门、空冷器外观检查。 (2) 阀外风冷风机运行情况检查。 (3) 阀外风冷系统遗留物件清查	1h/阀外风冷	(1) 所有验收完成后。 (2) 带电前

3.3.2 验收问题记录清单

对于验收过程中发现的隐患和缺陷，应当按照表 3-3-2 进行记录，每日向业主项目部提报，并由专人负责跟踪闭环进度。

表 3-3-2　　　　　　　　　　　　　　　　阀外风冷系统验收问题记录单

序号	设备名称	问题描述	发现人	发现时间	整改情况
1	极Ⅰ高端阀外风冷系统空冷器	……	×××	××××年××月××日	……
2	……	……	……	……	……

3.4 阀外风冷管道、阀门及附件验收标准作业卡

3.4.1 验收范围说明

本验收作业卡适用于换流站验收工作，验收范围包括双极高、低端阀外风冷管道、阀门及附件。

3.4.2 验收准备工作

各阶段验收工作开展前，运检人员应当提前明确验收的时间、人员、车辆机具、仪器工具、图纸资料等，并至少在验收开展的前一天完成准备工作的确认。

阀外风冷管道、阀门及附件验收准备工作表见表 3-4-1，验收工器具清单见表 3-4-2。

表 3-4-1 阀外风冷管道、阀门及附件验收准备工作表

序号	项目	工作内容	实施标准	负责人	备注
1	时间安排	验收工作开展前，应当组织业主、厂家、施工、监理、运检人员现场联合勘查，在各方均认为现场满足验收条件后方可开展	阀外风冷系统安装工作已完成		
2	人员安排	（1）如人员、车辆充足可组织多个验收组同时开展工作。 （2）每个验收组建议至少安排运检人员 2 人，厂家人员 2 人，监理 1 人	验收前成立临时专项验收组，组织运检、施工、厂家、监理人员共同开展验收工作		
3	车辆工具安排	验收工作开展前，准备好验收所需车辆机具、仪器仪表、工器具、安全防护用品、验收记录材料、相关图纸及相关技术资料	（1）车辆机具、仪器仪表、工器具、安全防护用品应试验合格，满足本次施工的要求。 （2）验收记录材料、相关图纸及相关技术资料齐全并符合现场实际情况		
4	验收交底	根据本次作业内容和性质确定好检修人员，并组织学习本作业卡	要求所有工作人员都明确本次工作的作业内容、进度要求、作业标准及安全注意事项		

表 3-4-2 阀外风冷管道、阀门及附件验收工器具清单

序号	名称	型号	数量	备注
1	安全带	—	每人 1 套	
2	对讲机	—	1 对	
3	记录本、笔	—	1 套	
4	梯子或脚手架	—	1 套	

3.4.3 验收检查记录表格

阀外风冷管道、阀门及附件验收检查记录表见表 3-4-3。

表 3-4-3 阀外风冷管道、阀门及附件验收检查记录表

序号	验收项目	验收方法及标准	验收结论（√或×）	备注
1	阀外风冷管道及阀门检查	管道内外表面及连接处无裂纹、无锈蚀，表面不得有明显凹陷，焊缝无明显夹渣，疤痕或砂眼提供完整的焊缝检验合格报告。管道及阀门运行过程中无异常振动，无漏水、溢水现象。管道本体表计安装处密封良好，无渗漏。管道法兰接口无锈蚀、无渗漏		
2		主水回路介质及流向等标识应正确，管道及阀门运行编号标识清晰可识别		《工业管道的基本识别色、识别符号和安全标识》(GB 7231—2003)
3		阀外风冷系统各类阀门应装设位置指示和阀门闭锁装置，防止人为误动阀门或阀门在运行中受振动发生变位，引起保护误动。手动、电动阀可正常分合		《国家电网有限公司防止换流站事故措施及释义（修订版）》
4		自动排气阀无排水量大、振动、管道折断、渗水等异常现象。泄流阀无渗漏、滴水现象		
5		阀外风冷系统管道法兰螺栓力矩安装正确，力矩线标记清晰，符合阀冷却系统设计要求，对螺栓进行力矩检查，确保力矩均匀、避免漏水		
6	传感器检查	量程符合实际需求，对同一测点的温度测量值相互比对差异不应超过±0.3℃		
7		表面清洁、电缆接头密封良好、有防雨措施		

3.4.4 验收记录表格

在工作中对于重要的内容进行专项检查记录，并留档保存。阀外风冷管道、阀门及附件验收记录表见表 3-4-4。

表 3-4-4 阀外风冷管道、阀门及附件验收记录表

设备名称	验收项目		验收人
	管道及阀门检查	传感器检查	
极Ⅰ高端阀外风冷系统			
极Ⅰ低端阀外风冷系统			
极Ⅱ高端阀外风冷系统			
极Ⅱ低端阀外风冷系统			

3.4.5　检查评价表格

对工作中检查出的问题进行汇总记录，并进行验收评价，留档保存。阀外风冷系统管道、阀门及附件验收评价表见表 3-4-5。

表 3-4-5 阀外风冷系统管道、阀门及附件验收评价表

检查人	×××	检查日期	××××年××月××日
存在问题汇总			

3.5　阀外风冷空气冷却器验收标准作业卡

3.5.1　验收范围说明

本验收作业卡适用于换流站验收工作，验收范围包括双极高、低端阀外风冷系统主通流回路。

3.5.2　验收准备工作

各阶段验收工作开展前，运检人员应当提前明确验收的时间、人员、车辆机具、仪器工具、图纸资料等，并至少在验收开展的前一天完成准备工作的确认。阀外风冷空气冷却器验收准备工作表见表 3-5-1，验收工器具清单见表 3-5-2。

表 3-5-1　　　　　　　　　　　　　　　　　　阀外风冷空气冷却器验收准备工作表

序号	项目	工作内容	实施标准	负责人	备注
1	时间安排	验收工作开展前，应当组织业主、厂家、施工、监理、运检人员现场联合勘查，在各方均认为现场满足验收条件后方可开展	阀外风冷系统安装工作已完成，完成阀外风冷清理工作		
2	人员安排	（1）如人员、车辆充足可组织多个验收组同时开展工作。 （2）每个验收组建议至少安排运检人员1人，厂家人员1人，施工单位2人，监理1人	验收前成立临时专项验收组，组织运检、施工、厂家、监理人员共同开展验收工作		
3	车辆工具安排	验收工作开展前，准备好验收所需车辆机具、仪器仪表、工器具、安全防护用品、验收记录材料、相关图纸及相关技术资料	（1）车辆机具、仪器仪表、工器具、安全防护用品应试验合格，满足本次施工的要求。 （2）验收记录材料、相关图纸及相关技术资料齐全并符合现场实际情况		
4	验收交底	根据本次作业内容和性质确定好检修人员，并组织学习本作业卡	要求所有工作人员都明确本次工作的作业内容、进度要求、作业标准及安全注意事项		

表 3-5-2　　　　　　　　　　　　　　　　　　阀外风冷空气冷却器验收工器具清单

序号	名称	型号	数量	备注
1	安全带	—	每人1套	
2	力矩扳手	满足力矩检查要求	1套	
3	签字笔	红色、黑色	1套	
4	便携式直阻仪	满足直流电阻测量要求	1台	
5	绝缘电阻表	满足绝缘电阻测试要求	1台	
6	梯子或脚手架	—	1套	

3.5.3 验收检查记录表格

阀外风冷空气冷却器验收检查记录表见表 3-5-3。

表 3-5-3 阀外风冷空气冷却器验收检查记录表

序号	验收项目	验收方法及标准	验收结论（√或×）	备注
1	风机检查	设备铭牌、运行编号标识齐全、清晰		
2		阀外风冷风扇电机接线盒、安全开关有防雨防潮措施		
3		电机外观良好，直阻测量正常，直阻初值差＜5％，使用 1000V 绝缘电阻表检查电机绝缘电阻不小于 1MΩ		
4		在电压变化±10％，频率变化范围为±2％的运行条件下，电机仍能良好地运行，在 80％额定电压情况下仍能启动		《±1100kV 特高压直流输电系统用换流阀冷却系统技术规范》（Q/GDW 11672—2017）
5		全电压下启动时，启动电流不能超过满负荷正常工作电流的 6 倍		
6		阀外风冷电机及风机的转动部位无异响，无异常振动，无锈蚀、无卡涩，动力电缆对地绝缘大于 0.5MΩ（500V）		《电气装置安装工程电气设备交接试验标准》（GB 50150—2016）
7		风机小风扇、网罩、叶片、风筒壁无严重积灰。风机下的隔离网无较大的杂物吸附		
8		风机叶片平衡度、角度符合相关规定或厂家技术要求，无变形现象，转动无卡涩，无异常振动声音。构架、管道、风机、电机各处固定螺丝无松动迹象。风机运行时红外测温无异常		
9		阀外风冷系统风机防护等级应至少为 IP55，并采取防雨措施		《国家电网有限公司防止换流站事故措施及释义（修订版）》
10		空冷器噪声测量方法建议执行《热交换器及传热元件性能测试方法　第 7 部分：空冷器噪声测定》（GB/T 27698.7—2011）		《热交换器及传热元件性能测试方法　第 7 部分：空冷器噪声测定》（GB/T 27698.7—2011）

序号	验收项目	验收方法及标准	验收结论 (√或×)	备注
11	管束检查	管束翅片清洁，无大面积倒伏、无渗漏。透风情况良好，无杂物吸附。构架下的地面无容易漂浮的杂物		
12		管束的丝堵和螺栓应满足有关标准中力矩的要求		
13		开展单支管束水压试验和整体水压试验		《高压直流输电换流阀水冷却设备》(GB/T 30425—2013)
14		验收前设置临时过滤网，循环运行 72h 后，和换流阀（或阀内冷设备）供应商验收滤网洁净程度，验收通过后，才能拆除滤网		
15	百叶窗检查 （如有）	空气冷却器设置有百叶窗，百叶窗为手动调节型，且运转灵活，不得有卡轴及扭曲现象产生。百叶窗开度应一致，百叶窗上无异物、外观整洁		
16	控制箱检查	控制箱外壳应无锈蚀。内部封堵应良好，无灰尘及杂物		
17		设备无擦痕、腐蚀、烧痕、异味、异声等现象。连接端子无松动，开关柜外壳，人机接口外壳无损伤，接地良好		
18	阀外风冷加热器检查	电源接线无过热、老化现象，电源接线紧固，户外加热器接线盒应有防雨措施		
19		加热器运行正常，工作时无异响，表面无发热变形现象		
20		电加热器绝缘合格（不小于 1 MΩ），横向对比阻值相差小于 20%		
21		加热器直阻测试正常，电阻值符合铭牌参数		

3.5.4 验收记录表格

在工作中对于重要的内容进行专项检查记录，并留档保存。阀外风冷空气冷却器验收记录表见表 3-5-4。阀外风冷空气冷却器水压压力试验记录表见表 3-5-5。阀外风冷系统风机电机绝缘直阻专项检查记录表见表 3-5-6。

表 3-5-4

阀外风冷空气冷却器验收记录表

设备名称	验收项目					验收人
	风机检查	管束检查	百叶窗检查	控制箱检查	加热器检查	
极Ⅰ高端阀外风冷系统空气冷却器						
极Ⅰ低端阀外风冷系统空气冷却器						
极Ⅱ高端阀外风冷系统空气冷却器						
极Ⅱ低端阀外风冷系统空气冷却器						

表 3-5-5

阀外风冷空气冷却器水压压力试验记录表

序号	试验项目	试验方法	验收结论（√或×）
1	单台空冷器管束水压试验	由外风冷厂家人员调整空冷器相关阀门，向空冷器管束注满水后，在出水口处安装压力表计，在空冷器管束进水口处连接阀门和试压泵，通过试压泵加压至空冷器试验压力值后关闭阀门，并记录水压。换热管束设计压力应不小于 1.6MPa，试验压力按照设计压力 1.1 倍确定	
		进行 60min 静态打压，或按照厂家技术规范要求进行水压试验	
		在进阀水压达到试验要求时开始计时，并拍照记录水压值。水压试验结束时再次记录内水冷的进阀压力值，与试验前的值进行对比，压力相差不应该超过额定试验压力的 5%	
		水压试验结束后放水直至水压恢复正常	
		水压试验过程中，安排人员通过目测和手摸的方式检查空冷器管束是否发生渗漏水。若发现漏水或水压无法加上，则立即停止试验，并在处理后重新开展水压试验	
2	阀外风冷系统水压试验	由外风冷厂家人员调整相关阀门，在开展换流阀及阀冷水压试时，带外风冷系统同步开展水压试验	
		按照换流阀水压试验相关要求开展水压试验	
		水压试验过程中，安排人员通过目测和手摸的方式检查阀外风冷系统管道、阀门、空冷器等设备是否发生渗漏水。若发现漏水或水压无法加上，则立即停止试验，并在处理后重新开展水压试验	

表 3-5-6 阀外风冷系统风机电机绝缘直阻专项检查记录表

序号	名称	A－地（MΩ）	B－地（MΩ）	C－地（MΩ）	A－B（Ω）	B－C（Ω）	C－A（Ω）	验收结论（√或×）
1	××风机电机（1000V，>1MΩ，直阻对比不超过2%）							
2	······	······	······	······	······	······	······	

3.5.5 检查评价表格

对工作中检查出的问题进行汇总记录，并进行验收评价，留档保存，阀外风冷空气冷却器验收评价表见表3-5-7。

表 3-5-7 阀外风冷空气冷却器验收评价表

检查人	×××		检查日期	××××年××月××日
存在问题汇总				

3.6 阀外风冷控制屏柜验收标准作业卡

3.6.1 验收范围说明

本验收作业卡适用于换流站验收工作，验收范围包括双极高、低端阀外风冷系统控制屏柜。

3.6.2 验收准备工作

各阶段验收工作开展前，运检人员应当提前明确验收的时间、人员、车辆机具、仪器工具、图纸资料等，并至少在验收开展的前一天完成准备工作的确认。阀外风冷控制屏柜验收准备工作表见表3-6-1。验收工器具清单见表3-6-2。

表 3-6-1 阀外风冷控制屏柜验收准备工作表

序号	项目	工作内容	实施标准	负责人	备注
1	时间安排	验收工作开展前，应当组织业主、厂家、施工、监理、运检人员现场联合勘查，在各方均认为现场满足验收条件后方可开展	阀外风冷系统安装工作已完成，信号已接入后台		

序号	项目	工作内容	实施标准	负责人	备注
2	人员安排	（1）如人员、车辆充足可组织多个验收组同时开展工作。 （2）每个验收组建议至少安排运检人员1人，厂家人员1人，施工单位1人，监理1人	验收前成立临时专项验收组，组织运检、施工、厂家、监理人员共同开展验收工作		
3	车辆工具安排	验收工作开展前，准备好验收所需车辆机具、仪器仪表、工器具、安全防护用品、验收记录材料、相关图纸及相关技术资料	（1）车辆机具、仪器仪表、工器具、安全防护用品应试验合格，满足本次施工的要求。 （2）验收记录材料、相关图纸及相关技术资料齐全并符合现场实际情况		
4	验收交底	根据本次作业内容和性质确定好检修人员，并组织学习本作业卡	要求所有工作人员都明确本次工作的作业内容、进度要求、作业标准及安全注意事项		

表 3-6-2　　　　　　　　　　阀外风冷控制屏柜验收工器具清单

序号	名称	型号	数量	备注
1	绝缘电阻表	满足绝缘测量需求	1台	
2	万用表	满足相关电气量测量需求	1台	
3	定值单	—	1套	
4	红外测温仪	满足检测异常发热点需求	1台	
5	对讲机	—	1对	

3.6.3　验收检查记录表格

阀外风冷控制屏柜验收检查记录表见表 3-6-3。

表 3-6-3 　　　　　　　　　　　　　　　　阀外风冷控制屏柜验收检查记录表

序号	验收项目	验收方法及标准	验收结论 (√或×)	备注
1	动力柜检查	各动力电缆对地绝缘大于 0.5MΩ（500V）		《电气装置安装工程电气设备交 接试验标准》（GB 50150—2016）
2		设备外观完好、无损伤，柜内无异常声响、接线整齐且连接良好。电器元件固 定牢固，动力柜标示牌、空开标签、表计及指示灯正确、齐全、清晰		
3		母线排及接触器无异常发热，电源及控制把手位置正确，状态指示正常		
4		电缆外观绝缘层应完好，电缆连接（螺接、插接、焊接或压接）应牢固、可靠		
5		柜内空气开关、动力电缆接头处等无异常温升、温差，所有元器件工作正常		
6		动力柜四周地面应配置绝缘胶垫或绝缘涂料		
7	控制柜外观检查	PLC模块（若有）、同步模块（若有）、接口模块（若有）、光电转换模块（若 有）、I/O模块工作正常，指示灯状态正确		
8		屏柜内继电器工作正常、控制装置无报警指示。屏柜内各器件无异常声响，无 松动脱落迹象，无严重积灰，无烧焦、放电现象。屏柜内空开分合位置正确， 手/自动旋钮打在自动位置		
9		屏柜散热风扇运行正常，无积尘现象。运行24h后，使用红外测温仪检测屏柜 内各器件红外测温无异常温升		
10	二次回路检查	空气开关、继电器工作正常，无老化、破损、发热现象		
11		端子排无松动、锈蚀、破损现象，运行及备用端子均有编号且与竣工图保持一致		
12		二次电缆接线布置整齐、无松动。电缆绝缘层无老化、损坏现象，电缆接地线 完好，电缆号头、走向标示牌无缺失现象且与竣工图保持一致		
13		二次回路电缆绝缘良好（1000V电压下测量二次回路电缆绝缘电阻不小于1MΩ）		
14	硬件配置检查	逐一认真核查阀外风冷控制的主机、板卡、模块、测量回路及电源的配置情况 是否满足保护冗余和系统独立性的要求		
15		直流供电回路应使用直流空气开关		

序号	验收项目	验收方法及标准	验收结论（√或×）	备注
16	功能检查	通信功能正常、报警事件定义清楚、后台界面显示与实际设备运行状态一致		
17	变频器检查	变频器应能接收来自双系统的信号，变频器指示灯、面板显示正确		
18		阀外风冷变频器和开关保护无告警信号		
19		已投入的风机和变频器对应		
20		变频器手动强投功能正常		
21	定值及参数检查	变频器参数检查、电压监视继电器定值检查、空开保护定值检查，定值整定正确		

3.6.4 验收记录表格

在工作中对于重要的内容进行专项检查记录，并留档保存，阀外风冷控制屏柜验收记录表见表3-6-4。

表 3-6-4 阀外风冷控制屏柜验收记录表

设备名称	验收项目							验收人
	配电柜检查	控制柜外观检查	二次回路检查	硬件配置检查	功能检查	变频器检查	定值及参数检查	
极Ⅰ高端阀外风冷系统控制屏柜								
极Ⅰ低端阀外风冷系统控制屏柜								
极Ⅱ高端阀外风冷系统控制屏柜								
极Ⅱ低端阀外风冷系统控制屏柜								

3.6.5 检查评价表格

对工作中检查出的问题进行汇总记录，并进行验收评价，留档保存，阀外风冷控制屏柜验收评价表见表3-6-5。

表 3-6-5　　　　　　　　　　　　　　　　阀外风冷控制屏柜验收评价表

检查人	×××	检查日期	××××年××月××日
存在问题汇总			

3.7　阀外风冷控制逻辑验收标准作业卡

3.7.1　验收范围说明

本验收作业卡适用于换流站验收工作，验收范围包括双极高、低端阀外风冷系统阀外风冷控制逻辑。

3.7.2　验收准备工作

各阶段验收工作开展前，运检人员应当提前明确验收的时间、人员、车辆机具、仪器工具、图纸资料等，并至少在验收开展的前一天完成准备工作的确认。阀外风冷控制逻辑验收准备工作表见表 3-7-1，验收工器具清单见表 3-7-2。

表 3-7-1　　　　　　　　　　　　　　　　阀外风冷控制逻辑验收准备工作表

序号	项目	工作内容	实施标准	负责人	备注
1	时间安排	验收工作开展前，应当组织业主、厂家、施工、监理、运检人员现场联合勘查，在各方均认为现场满足验收条件后方可开展	阀外风冷系统安装工作已完成		
2	人员安排	(1) 如人员、车辆充足可组织多个验收组同时开展工作。 (2) 每个验收组建议至少安排运检人员 2 人，厂家人员 2 人，监理 1 人	验收前成立临时专项验收组，组织运检、施工、厂家、监理人员共同开展验收工作		
3	车辆工具安排	验收工作开展前，准备好验收所需车辆机具、仪器仪表、工器具、安全防护用品、验收记录材料、相关图纸及相关技术资料	(1) 车辆机具、仪器仪表、工器具、安全防护用品应试验合格，满足本次施工的要求。 (2) 验收记录材料、相关图纸及相关技术资料齐全并符合现场实际情况		
4	验收交底	根据本次作业内容和性质确定好检修人员，并组织学习本作业卡	要求所有工作人员都明确本次工作的作业内容、进度要求、作业标准及安全注意事项		

表 3-7-2 阀外风冷控制逻辑验收工器具清单

序号	名称	型号	数量	备注
1	定值单	—	1套	
2	万用表	满足电气回路电气量测量需求	1块	
3	对讲机	—	1对	

3.7.3 验收检查记录表格

阀外风冷控制逻辑验收检查记录表见表 3-7-3。

表 3-7-3 阀外风冷控制逻辑验收检查记录表

序号	验收项目	验收方法及标准	验收结论（√或×）	备注
1	运行模式检查	至少有手动、自动、停止 3 种运行模式		
2		阀解锁期间，系统默认为自动模式		
3		双 PLC 互为热备用，当主用控制系统出现故障时，可无扰动切换至无故障系统		
4		双套控制系统故障不应直接闭锁直流或降功率，仅投报警（如有独立控制系统）		
5	风机控制逻辑检查	当前无风机投入时，进阀温度大于风机启动值，经延时启动一组风机		
6		有风机投入时且该风机已在工频运行状态，进阀温度大于定值时，经延时启动下一组风机		
7		当多组风机投入时，当其最低频率运行时，进阀温度仍小于定值，经延时切除一组风机		
8		只有一组风机投入时，当进阀温度小于定值，且该风机处于最低频率运行，经延时切除该组风机		
9		有故障切换、先启先停功能		
10		"内冷系统停运""内冷系统电加热器停运"等外部开入信号不能用于对阀外风冷系统风机的控制		

序号	验收项目	验收方法及标准	验收结论（√或×）	备注
11	断电检查	模拟传感器电源失电、模拟信号电源失电、模拟控制电源失电，检查控制保护屏柜单一元件故障不会引起直流闭锁。对主机和相关板卡、模块进行断电试验，验证电源供电可靠性		
12	加热器控制逻辑验收	当进阀温度如果低于1组电加热器启动值且高于2组电加热器启动值时，启动1组电加热器		
13		当进阀温度低于2组电加热器启动值时，启动2组电加热器		
14		当进阀温度高于1组电加热器停止值且低于2组电加热器停止值时，停止1组电加热器		
15		当进阀温度如果高于2组电加热器停止值时，停止所有电加热器		
16		如设置大于2组电加热器，控制逻辑参照上述控制顺序执行		
17		加热器的控制具有先启先停、轮循启动、故障切换的控制功能，当电加热器过温时停止加热器		
18		主循环泵未运行、冷却水流量超低、进阀温度高等任一条件满足时，禁止启动电加热器		
19	手动强投功能试验	阀外风冷系统冷却风扇应有手动强投功能，在控制系统或变频器故障时能快速投入运行		

3.7.4 验收记录表格

对工作中对于重要的内容进行专项检查记录，并留档保存，阀外风冷控制逻辑验收记录表见表 3-7-4。阀外风冷风机控制功能验收记录表见表 3-7-5。

表 3-7-4

阀外风冷控制逻辑验收记录表

设备名称	验收项目					验收人
	运行模式检查	风机控制逻辑检查	断电检查	加热器控制逻辑验收	手动强投功能试验	
极Ⅰ高端阀外风冷系统						
极Ⅰ低端阀外风冷系统						
极Ⅱ高端阀外风冷系统						
极Ⅱ低端阀外风冷系统						

表 3-7-5

阀外风冷风机控制功能验收记录表

序号	检验项目	检验方法	检验标准	验收结论（√或×）
1	自动启动1组风机	所有风机均停止时，使用电位计模拟温度传感器数值，置位三套传感器对应风机组数 $N+1(N=0)$ 状态下温度数值，采样温度值（如进阀温度）大于风机启动值，模拟一组风机启动条件满足	按照轮循机制依次启动一组风机	
			人机界面显示相应风机运行的报文	
2	单组风机运行时整组切换功能检验	只有一组风机运行时： （1）模拟定时切换：更改人机界面内风机定时切换时间至方便检查的时间（如1min），模拟定时切换功能，试验结束后恢复原始定值。 （2）模拟手动切换：通过切换手自动把手进行手动切换功能试验。 （3）模拟风机故障：使用短接端子或者断开电源开关的方式模拟故障信号	备用风机可用时，依次切换到备用组的可用风机运行	
			备用风机不可用时（断开其他组风机开关），不切换	
3	自动启动第二组风机	（1）当只有一组风机运行时，所有温度传感器均正常。 （2）使用电位计模拟温度传感器数值，置位三套传感器对应风机组数 $N+1(N=1)$ 状态下温度数值，采样温度值（如进阀温度）大于定值，模拟第二组风机启动条件满足	依次启动第二组风机	
			人机界面显示相应风机运行的报文	

序号	检验项目	检验方法	检验标准	验收结论（√或×）
4	风机变频器故障切至相应工频旁路运行	风机运行时，断开风机变频器交流电源开关，模拟风机变频器故障	风机变频器故障时切至相应风机工频旁路运行	
		合上风机变频器交流电源开关，模拟风机变频器故障消失	风机变频器故障消失时切回至变频回路运行	
5	自动停止一组风机	（1）当有 N 组风机运行时（N＞1），所有温度传感器均正常。 （2）使用电位计模拟温度传感器数值，置位三套传感器对应风机组数 N−1(N＞1) 状态下温度数值，观察变频风机逐渐降低至最低频率运行，模拟一组风机停止条件满足	按轮循机制依次停止一组风机	
			人机界面按顺序显示相应风机运行消失的报文	
6	自动停止最后一组风机	（1）当只有一组风机运行时，所有温度传感器均正常。 （2）使用电位计模拟温度传感器数值，置位三套传感器对应风机组数 N−1(N＝1) 状态下温度数值，观察变频风机逐渐降低至最低频率运行，模拟最后一组风机停止条件满足	依次停止最后一组风机	
			人机界面按顺序显示相应风机运行消失的报文	
7	风机全部工频启动	调试模式下，模拟风机投退对应温度仪表全部不可用（断开相应温度传感器端子）	风机无动作	
		运行模式下，模拟风机投退对应温度仪表全部不可用（断开相应温度传感器端子）	风机全部工频运行	
		运行模式下，使用电位计模拟温度传感器数值，置位三套传感器采样温度值（如进阀温度）大于最大定值，模拟风机投退对应温度仪表温度大于最大定值	风机全部工频运行	
		运行模式下，使用电位计模拟温度传感器数值，置位三套传感器采样温度值（如进阀温度）不低于最小定值且不高于最大定值，模拟风机正常投退功能	风机根据实际温度正确启停	

3.7.5 检查评价表格

对工作中检查出的问题进行汇总记录，并进行验收评价，留档保存，阀外风冷控制逻辑验收评价表见表 3-7-6。

表 3-7-6 阀外风冷控制逻辑验收评价表

检查人	×××	检查日期	××××年××月××日
存在问题汇总			

3.8 阀外风冷系统投运前检查标准作业卡

3.8.1 验收范围说明

本验收作业卡适用于换流站验收工作，验收范围包括双极高、低端阀外风冷系统。

3.8.2 验收准备工作

各阶段验收工作开展前，运检人员应当提前明确验收的时间、人员、车辆机具、仪器工具、图纸资料等，并至少在验收开展的前一天完成准备工作的确认。阀外风冷系统投运前检查准备工作表见表 3-8-1，检查验收工器具清单见表 3-8-2。

表 3-8-1 阀外风冷系统投运前检查准备工作表

序号	项目	工作内容	实施标准	负责人	备注
1	时间安排	验收工作开展前，应当组织业主、厂家、施工、监理、运检人员现场联合勘查，在各方均认为现场满足验收条件后方可开展	阀外风冷系统所有验收工作已完成，水压试验已通过		
2	人员安排	（1）需提前沟通好阀外风冷系统和水冷验收作业面，由两个作业面配合共同开展。 （2）验收组建议至少安排运检人员2人，阀外风冷系统厂家人员2人，水冷厂家1人，监理2人，平台车专职驾驶员1人（厂家或施工单位人员）	验收前成立临时专项验收组，组织运检、施工、厂家、监理人员共同开展验收工作		
3	车辆工具安排	验收工作开展前，准备好验收所需车辆机具、仪器仪表、工器具、安全防护用品、验收记录材料、相关图纸及相关技术资料	（1）车辆机具、仪器仪表、工器具、安全防护用品应试验合格，满足本次施工的要求。 （2）验收记录材料、相关图纸及相关技术资料齐全并符合现场实际情况		

序号	项目	工作内容	实施标准	负责人	备注
4	验收交底	根据本次作业内容和性质确定好检修人员，并组织学习本作业卡	要求所有工作人员都明确本次工作的作业内容、进度要求、作业标准及安全注意事项		

表 3-8-2 　　　　　　　　　　　　　　阀外风冷系统投运前检查验收工器具清单

序号	名称	型号	数量	备注
1	安全带	—	每人1套	
2	梯子或脚手架	—	1套	
3	红外测温仪	—	1台	

3.8.3　验收检查记录表格

阀外风冷系统投运前检查验收检查记录表见表 3-8-3。

表 3-8-3 　　　　　　　　　　　　　　阀外风冷系统投运前检查验收检查记录表

序号	工作步骤	验收方法及标准	验收结论（√或×）	备注
1	阀外风冷系统外观检查	风机、阀门等有明确清晰的标识和编号		
2		管道及阀门运行过程中无异常振动，无漏水、溢水现象。底部放水阀门完全关闭，放水阀门堵头完好		
3		阀门位置正确		
4		现场清洁，无遗留物件		
5	阀外风冷系统风机检查	运行时无异常声响、无异常振动，无过热（红外记录）		
6		风机接触器、安全开关、端子排接线紧固		
7	阀外风冷屏柜检查	无就地、远传告警信号，后台无异常报文，空开位置正确		
8		操作面板上运行参数在正确范围内，变送器采样数值相互比对无明显差值		

3.8.4　验收记录表格

在工作中对于重要的内容进行专项检查记录，并留档保存，阀外风冷系统投运前检查验收记录表见表3-8-4。

表 3-8-4　　　　　　　　　　　　　　　　阀外风冷系统投运前检查验收记录表

设备名称	验收项目				验收人
	外观检查	风机检查	屏柜检查	备品备件检查	
极Ⅰ高端阀外风冷系统					
极Ⅰ低端阀外风冷系统					
极Ⅱ高端阀外风冷系统					
极Ⅱ低端阀外风冷系统					

3.8.5　检查评价表格

对工作中检查出的问题进行汇总记录，并进行验收评价，留档保存，阀外风冷水压试验验收评价表见表3-8-5。

表 3-8-5　　　　　　　　　　　　　　　　阀外风冷水压试验验收评价表

检查人	×××	检查日期	××××年××月××日
存在问题汇总			

第4章 消 防 系 统

4.1 应用范围

本作业指导书适用于换流站交接试验和竣工验收工作，部分验收项目需根据实际情况提前安排，通过随工验收、资料检查等方式开展，旨在指导并规范现场验收工作。

4.2 规范依据

本作业指导书的编制依据并不限于以下文件：

1. 《火灾自动报警系统施工及验收规范》（GB 50166—2007）
2. 《泡沫灭火系统技术标准》（GB 50151—2021）
3. 《水喷雾灭火系统技术规范》（GB 50219—2014）
4. 《细水雾灭火系统技术规范》（GB 50898—2013）
5. 《消防炮》（GB 19165—2019）
6. 《国家电网公司直流换流站验收管理规定　第 20 分册　消防系统验收细则》
7. 《2021 年 11 月换流站运行重点问题分析及处理措施报告》

4.3 验收方法

4.3.1 验收流程

专项验收工作应参照表 4-3-1 的内容顺序开展，并在验收工作中把握关键时间节点。

表 4-3-1 消防系统专项验收标准流程

序号	验收项目	主要工作内容	参考工时	开展验收需满足的条件
1	阀厅火灾报警系统验收	（1）阀厅紫外火焰探测器检查验收。 （2）阀厅空气采样主机（包括空调设备间空气采样主机）验收。	8h/阀厅	（1）阀厅火灾报警系统安装完成，信号传输后台正常。

序号	验收项目	主要工作内容	参考工时	开展验收需满足的条件
1	阀厅火灾报警系统验收	(3) 布线及控制箱验收。 (4) 空气采样管及模块箱验收。 (5) 阀厅极早期及紫外探测器火警信号功能性验收。 (6) 跳闸逻辑功能性验收	8h/阀厅	(2) 阀厅消防设备相关说明书移交至运维单位。 (3) 建管单位阀厅消防功能验收结束并提交功能验收报告
2	水消防系统验收	(1) 消防给水检查。 (2) 消防水泵房检查。 (3) 消防水泵（稳压泵）检查。 (4) 消火栓检查。 (5) 变压器水喷淋系统功能检查	18h/全站	全站水消防系统安装调试完毕，并完成水压测试工作
3	泡沫喷淋系统验收	(1) 管路、喷头等一次设备外观检查。 (2) 模拟灭火功能试验	18h/全站	全站泡沫喷淋系统安装调试完毕，并完成管网水压测试
4	压缩空气泡沫灭火系统（Compressed Air Foam Systems，CAFS）验收	(1) 喷头、管路、固定式消防炮等一次设备外观检查。 (2) CAFS系统功能性试验验收	48h/全站	全站CAFS系统安装调试完毕，并完成相关功能性验证工作
5	接地极消防系统验收	预制舱储气罐、电磁阀、控制主机等设备检查	2h/预制舱	预制舱消防设备安装完成，并完成功能验证工作
6	消防器材验收	(1) 室内灭火器配置及外观验收。 (2) 灭火器及配套措施功能验收。 (3) 室外变压器（电抗器）消防器材功能验收。 (4) 站内公用设施消防器材功能验收	18h/全站	全站消防器材配置完成，建管单位提交消防器材清单

4.3.2 验收问题记录清单

对于验收过程中发现的隐患和缺陷，应当按照表4-3-2进行记录，每日向业主项目部提报，并由专人负责跟踪闭环进度。

表 4-3-2　　　　　　　　　　　　　　　　　　　换流阀及阀控设备验收问题记录单

序号	设备名称	问题描述	发现人	发现时间	整改情况
1	极Ⅰ高端阀厅火灾报警系统	……	×××	××××年××月××日	……
2	……	……	……	……	……

4.4　阀厅火灾报警系统验收标准作业卡

4.4.1　验收范围说明

本验收作业卡适用于换流站验收工作，验收范围包括双极高、低端阀厅火灾报警系统。

4.4.2　验收准备工作

各阶段验收工作开展前，运检人员应当提前明确验收的时间、人员、车辆机具、仪器工具、图纸资料等，并至少在验收开展的前一天完成准备工作的确认。阀厅火灾报警系统验收准备工作表见表 4-4-1。验收工器具清单见表 4-4-2。

表 4-4-1　　　　　　　　　　　　　　　　　　　阀厅火灾报警系统验收准备工作表

序号	项目	工作内容	实施标准	负责人	备注
1	时间安排	验收工作开展前，应当组织业主、厂家、施工、监理、运检人员现场联合勘查，在各方均认为现场满足验收条件后方可开展	阀厅火灾报警系统安装调试完毕		
2	人员安排	（1）如人员、车辆充足可组织多个验收组同时开展工作。 （2）每个验收组建议至少安排验收人员1人，厂家人员1人，施工单位1人，监理1人，平台车专职驾驶员1人（厂家或施工单位人员）	验收前成立临时专项验收组，组织验收、施工、厂家、监理人员共同开展验收工作		

序号	项目	工作内容	实施标准	负责人	备注
3	车辆工具安排	验收工作开展前，准备好验收所需车辆机具、仪器仪表、工器具、安全防护用品、验收记录材料、相关图纸及相关技术资料	（1）车辆机具、仪器仪表、工器具、安全防护用品应试验合格，满足本次施工的要求。 （2）验收记录材料、相关图纸及相关技术资料齐全并符合现场实际情况		
4	验收交底	根据本次作业内容和性质确定好检修人员，并组织学习本作业卡	要求所有工作人员都明确本次工作的作业内容、进度要求、作业标准及安全注意事项		

表 4-4-2　　　　　　　　　　　　　　阀厅火灾报警系统验收工器具清单

序号	名称	型号	数量	备注
1	阀厅平台车	—	1辆	
2	安全带	—	每人1套	
3	车辆接地线	—	1根	
4	电火花发生器	—	1个	
5	烟雾发生器	—	1个	

4.4.3　验收检查记录表格

阀厅火灾报警系统验收检查记录表见表 4-4-3。

表 4-4-3　　　　　　　　　　　　　　阀厅火灾报警系统验收检查记录表

序号	验收项目	验收方法及标准	验收结论（√或×）	备注
1	阀厅紫外火焰探测器检查	无变形及其他机械性损伤		
2		探测器保护涂层完好		
3		检查设备型号与合同一致，设备铭牌、编号清晰、牢固		

序号	验收项目	验收方法及标准	验收结论 (√或×)	备注
4	阀厅紫外火焰探测器检查	电源线、信号线接线正确、接头无破损		
5		探测器安装牢固无松动		
6		检查火灾主设备国家强制性产品认证书和检验报告		
7	阀厅空气采集主机（包括空调设备间空气采集主机）检查	无变形及其他机械性损伤		
8		检查设备型号与合同一致，设备铭牌、编号清晰、牢固		
9		电源线、信号线接线正确、接头无破损		
10		空气采集主机、采样管安装牢固无松动，管路接头无松动破损		
11		空气采集主机液晶显示屏显示正常，无故障告警灯		
12		空气采集主机内部电机运转正常，滤网无破损		
13		检查火灾主设备国家强制性产品认证书和检验报告		
14	布线	相同用途导线的颜色应一致，接线端子标号正确		
15		接线端子箱内的端子宜选择压接或带锡焊接点的端子板，其接线端子上标号正确		
16		火灾自动报警系统的传输线路应采用穿金属管、经阻燃处理的硬质塑料管或封闭式线槽保护方式布线		
17		火灾自动报警系统的传输线路和50V以下供电的控制线路，应采用电压等级不低于交流250V的铜芯绝缘导线或铜芯电缆。采用电流220/380V的供电和控制线路应采用电压等级不低于交流500V的铜芯绝缘导线或铜芯电缆		
18		所用导线应能满足机械强度要求		
19	控制箱	控制箱外壳接地排符合设计要求，接地可靠		
20		控制回路接线正确，各引线各接线螺栓紧固接线可靠、引线裸露部分不大于5mm。连接导线截面符合设计要求，标志清晰		

序号	验收项目	验收方法及标准	验收结论 (√或×)	备注
21	控制箱	控制箱内各元件应符合设计要求		
22		各继电器整定符合设计要求		
23		交直流回路禁止共用同一电缆、同一端子排。如在同一端子排，应有空端子或采用隔片隔开		
24		控制箱密封良好，内外清洁无锈蚀，端子排清洁无异物		
25	空气采样管	采样管安装位置合理，牢固无松动，管路接头无变形、松动破损，管路支架无松脱，且具有防止安装卡扣掉落至阀塔的可靠措施		
26		采样管走向清楚，长度和采样孔径、间距与图纸一致，开孔处有明显标识，覆盖区域管路通畅		
27		探测器采样管路布置应保证探测范围覆盖阀厅全部区域		
28	模块箱	控制箱外壳接地体符合设计要求，接地可靠		
29		控制回路接线正确，各引线、螺栓接线紧固		
30		控制箱内各元件参数、型号与供货合同一致		
31		模块箱密封良好，内外清洁无锈蚀，端子排清洁无异物		
32	阀厅极早期及紫外探测器火警信号功能性验收	用烟雾发生器在采样管最末端（最不利处）采样孔加入试验烟，探测器或其控制装置应在120s内发出火灾报警信号		《火灾自动报警系统施工及验收规范》(GB 50166—2007)
33		根据产品说明书，改变探测器的采样管路气流，使探测器处于故障状态，探测器或其控制装置应在100s内发出故障信号		《火灾自动报警系统施工及验收规范》(GB 50166—2007)
34		现场使用电火花发生器分别在各阀塔上、中、下层处模拟火情，检查紫外探测器动作结果正确，一处弧光至少有2个紫外探测器能监测到		
35	跳闸逻辑功能性实验验收	通过短接紫外探测器转换箱、极早期转换箱接线端子或置位方式模拟阀厅紫外及极早期告警信号，验证阀厅火灾跳闸逻辑正确：		

序号	验收项目	验收方法及标准	验收结论（√或×）	备注
35	跳闸逻辑功能性实验验收	（1）阀厅内所有极早期烟雾探测传感器有一个检测到烟雾报警，且同时阀厅内所有紫外探头中有一个检测到弧光，当上述两个条件同时满足时发出跳闸指令。 （2）若进风口处极早期传感器监测到烟雾时，闭锁极早期系统的跳闸出口回路，在进风口处极早期传感器监测到烟雾的情况下若有 2 个以上紫外探头同时检测到火焰或放电时，发出跳闸指令		
36		在阀厅内部选择三个点，使用烟雾发生器、电火花发生器模拟烟雾及火光，验证跳闸逻辑正确		

4.4.4 验收记录表格

阀厅火灾报警系统验收记录表见表 4-4-4，阀厅极早期空气采样器动作记录表见表 4-4-5，阀厅紫外探测器动作记录表见表 4-4-6，跳闸逻辑验证记录表见表 4-4-7，阀厅跳闸模拟记录表见表 4-4-8。

表 4-4-4   **阀厅火灾报警系统验收记录表**

设备名称	验收项目						验收人
	阀厅紫外火焰探测器检查	阀厅空气采集主机（包括空调设备间空气采集主机）检查	布线	控制箱	空气采样管	模块箱	
极Ⅰ高端换流阀火灾报警系统							
极Ⅰ低端换流阀火灾报警系统							
极Ⅱ高端换流阀火灾报警系统							
极Ⅱ低端换流阀火灾报警系统							

表 4-4-5   阀厅极早期空气采样器动作记录表

序号	极早期空气采样器名称或编号	采样管道编号	试验采样孔编号	验收结论（√或×）
1	阀厅空调进风口极早期空气采样器	—	—	
2	阀厅空调回风口极早期空气采样器	—	—	
3		—	1 号	
4		—	2 号	
5	1 号极早期空气采样器	—	3 号	
6		—	1 号	
7		—	2 号	
8		—	3 号	
9		—	1 号	
10		—	2 号	
11	2 号极早期空气采样器	—	3 号	
12		—	1 号	
13		—	2 号	
14		—	3 号	
15	……	……	……	

表 4-4-6   阀厅紫外探测器动作记录表

序号	火情试验点	火情试验分测点	记录报火警信号的紫外探测编号	预期结果	验收结论（√或×）
1		下			
2	1 号	中		OWS 后控保 A、B 系统分别报出"极 I 低端阀组闭锁"事件	
3		上			

— 105 —

序号	火情试验点	火情试验分测点	记录报火警信号的紫外探测编号	预期结果	验收结论（√或×）
4	2号	下		OWS后控保A、B系统分别报出"极Ⅰ低端阀组闭锁"事件	
5		中			
6		上			

表 4-4-7　　　　　　　　　　　　　　　　　　跳闸逻辑验证记录表

序号	跳闸逻辑	试验方法	信号信息	验收结论（√或×）
1	01号紫外探测器火警 03号极早期空气采样器火警 阀厅空调新风、回风无火警报警	短接03号极早期空气采样转换箱、紫外探测器1号信号转换箱中1号信号转换板端子，模拟火警告警信号	OWS后控保A、B系统分别报出"极Ⅰ高端阀厅跳闸"和"外部跳闸"事件	
2	阀厅空调新风报警 01、02号紫外探测器火警	短接极早期空气采样3号信号转换箱中1号信号转换板、紫外探测器1号信号转换箱中1号信号转换板端子以及2号信号转换板端子，模拟火警告警信号	OWS后台控保A、B系统报出"极Ⅰ高端阀厅跳闸"和"外部跳闸"事件	
3	阀厅空调新风报警 01号紫外探测器火警	短接极早期空气采样3号信号转换箱中1号信号转换板、紫外探测器1号信号转换箱中1号信号转换板端子，模拟火警告警信号	OWS后台控保A、B系统没有报出"极Ⅰ高端阀厅跳闸"和"外部跳闸"事件	
4	……	……	……	

表 4-4-8　　　　　　　　　　　　　　　　　　阀厅跳闸模拟记录表

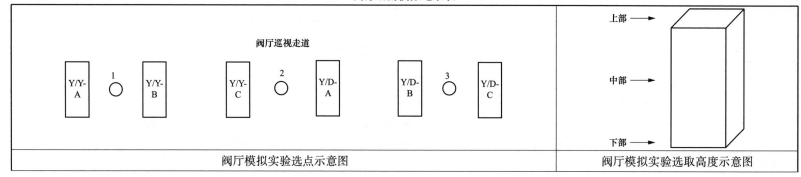

阀厅模拟实验选点示意图	阀厅模拟实验选取高度示意图

序号	火情试验点	记录报跳闸的高度位置		预期结果	验收结论（√或×）
1	试验点1	上部		OWS后台控保A、B系统分别报出"极Ⅰ高端阀厅跳闸"和"外部跳闸"事件	
		中部			
		下部			
2	试验点2	上部		OWS后台控保A、B系统分别报出"极Ⅰ高端阀厅跳闸"和"外部跳闸"事件	
		中部			
		下部			
3	试验点3	上部		OWS后台控保A、B系统分别报出"极Ⅰ高端阀厅跳闸"和"外部跳闸"事件	
		中部			
		下部			

4.4.5 检查评价表格

对工作中检查出的问题进行汇总记录，并进行验收评价，留档保存，阀厅火灾报警系统验收评价表见表4-4-9。

表4-4-9　　　　　　　　　　　　　　　阀厅火灾报警系统验收评价表

检查人	×××	检查日期	××××年××月××日
存在问题汇总			

4.5 水消防系统验收标准作业卡

4.5.1 验收范围说明

本验收作业卡适用于换流站验收工作，验收范围包括消防泵房内相关设备、全站消防水系统管网、全站消防井及消火栓。

4.5.2 验收准备工作

各阶段验收工作开展前，运检人员应当提前明确验收的时间、人员、车辆机具、仪器工具、图纸资料等，并至少在验收开展的前一天完成准备工作的确认。水消防系统验收准备工作表见表4-5-1，验收工器具清单见表4-5-2。

表 4-5-1　　　　　　　　　　　　　　　　　水消防系统验收准备工作表

序号	项目	工作内容	实施标准	负责人	备注
1	时间安排	验收工作开展前，应当组织业主、厂家、施工、监理、运检人员现场联合勘查，在各方均认为现场满足验收条件后方可开展	全站水消防系统安装调试完毕，并完成水压测试工作		
2	人员安排	（1）如人员、车辆充足可组织多个验收组同时开展工作。 （2）每个验收组建议至少安排运检人员2人，厂家人员2人，监理1人。 （3）功能性试验运检人员必须全程参与并做好原始记录	验收前成立临时专项验收组，组织运检、施工、厂家、监理人员共同开展验收工作		
3	车辆工具安排	验收工作开展前，准备好验收所需车辆机具、仪器仪表、工器具、安全防护用品、验收记录材料、相关图纸及相关技术资料	（1）车辆机具、仪器仪表、工器具、安全防护用品应试验合格，满足本次施工的要求。 （2）验收记录材料、相关图纸及相关技术资料齐全并符合现场实际情况		
4	验收交底	根据本次作业内容和性质确定好检修人员，并组织学习本作业卡	要求所有工作人员都明确本次工作的作业内容、进度要求、作业标准及安全注意事项		

表 4-5-2　　　　　　　　　　　　　　　　　水消防系统验收工器具清单

序号	名称	型号	数量	备注
1	对讲机	—	1对	
2	管钳	—	1套	
3	消防水带	—	1卷	
4	消火栓专用工具	—	1套	

4.5.3 验收检查记录表格

水消防系统验收检查记录表见表 4-5-3。

表 4-5-3 水消防系统验收检查记录表

序号	验收项目	验收方法及标准	验收结论（√或×）	备注
1	消防给水	消防给水系统应独立		
2		消防给水采用水泵供水时，应设置备用泵，其工作能力不应小于一台主用泵。消防给水泵应采用双电源或双回路供电，或可采用内燃机作动力		
3		全站宜有两路可靠水源供水，应优先考虑自来水供水方案，检查取水系统应能根据蓄水池水位自动启停水泵，自动补水定值设定正确，水系统故障时，应有报警信号送至运行人员工作站，检查蓄水池水位正常		
4		消防供水系统应有防冻措施		
5	消防水泵房	消防水泵房应有防冻、防潮、防高温的措施		
6		检查消防水泵房排污泵功能正确，排污坑内无杂物		
7	消防水泵（稳压泵）	使用的水泵（包括备用泵、稳压泵），铭牌的规格、型号、性能指标应符合设计要求，设备应完整、无损坏		
8		消防水泵设主、备电源，且能自动切换		
9		消防给水系统在主泵停止运行时，备用泵能切换运行		
10		消防水泵启动控制应置于自动启动位置		
11		（1）当达到设计启动条件时，稳压泵应立即启动。 （2）当达到系统设计压力时，稳压泵应自动停止运行。 （3）当消防主泵启动时，稳压泵应停止运行		
12		以备用电源切换方式或备用泵切换启动消防水泵时，消防水泵应在 30s 内投入正常运行		

序号	验收项目	验收方法及标准	验收结论（√或×）	备注
13	消防水泵（稳压泵）	一组消防泵吸水管应单独设置且不应少于两条，当其中一条损坏或检修时，其余吸水管应仍能通过需要的供水量		
14		水泵出水管管径及数量应符合设计要求		
15		水泵出水管上设试验和检查用的压力表、放水阀门和泄压阀，压力表经检验合格并有合格鉴定标签		
16		水泵接合器应设在便于与消防连接的地点，其周围15～40m内应设室外消火栓或消防水池吸水口，水泵接合器的数量符合设计要求		
17		水泵接合器上止回阀安装方向应正确，闸阀应处于常开状态		
18		地下式水泵接合器挡口至地面的距离不大于0.4m，且不应小于井盖的半径		
19		水泵接合器应标明所属系统，并有明显标志		
20	消防管道	消防管网7管道及管件型号、规格应符合设计要求		
21		消防水管道应采用管廊敷设方式，北方地区可采用双套伴热带防冻措施		
22		室外消防给水管道的压力应保证当消防用水量达到最大且水枪布置在任何建筑物最高处时，水枪充实水柱不得小于13m		
23		消防管网应设置合理的隔离阀门，消防主管上的阀门应采用带有伸缩节的连接		
24		水管道上要贴上流向标示，阀门要有标识		
25		变压器或高压电气设备设置水喷雾系统的喷头及消防水管均应接地，与接地网连接。接地电阻值符合如下要求：采用专用接地装置时，接地电阻值不应大于4Ω。采用共用接地装置时，接地电阻值不应大于1Ω		
26		检查管道水压试验报告合格（试验压力应为设计压力的1.5倍，保持10min，无异常后降至设计压力，30min无压力下降、无渗漏）		《水喷雾灭火系统技术规范》（GB 50219—2014）

序号	验收项目	验收方法及标准	验收结论（√或×）	备注
27	地上消火栓	外观检查： （1）无变形及其他机械性损伤。 （2）外露非机械加工表面保护涂层完好。 （3）无保护涂层的机械加工面无锈蚀。 （4）所有外露接口无损伤，堵、盖等保护物包封良好。 （5）铭牌清晰、牢固		
28		消火栓及与其配套的水枪、水带规格应相同，质量合格		
29		消火栓前应设置手动隔离阀门，阀门要有标识		
30		消火栓应垂直安装		
31		采用地上式消火栓时，其大口径出水口应面向道路		
32		室外消火栓应配有防冻措施		
33		消火栓法兰连接处应设置明显接地		
34		消火栓附近应有开启消火栓的专用工具，且专用工具无锈蚀		
35		消火栓应有防撞措施、标识		
36	地下消火栓（如有）	消火栓及与其配套的水枪、水带规格应相同，质量合格		
37		消火栓前应设置手动隔离阀门，阀门要有标识		
38		消火栓应垂直安装		
39		室外消火栓应配有防冻措施		
40		消火栓法兰连接处应设置明显接地		
41		消火栓附近应有开启消火栓的专用工具，且专用工具无锈蚀		
42		检查消火栓井盖无破损，卡涩		

序号	验收项目	验收方法及标准	验收结论（√或×）	备注
43	室内消火栓	外观检查： (1) 无变形及其他机械性损伤。 (2) 外露非机械加工表面保护涂层完好。 (3) 无保护涂层的机械加工面无锈蚀。 (4) 所有外露接口无损伤，堵、盖等保护物包封良好。 (5) 铭牌清晰、牢固		
44		主控楼、辅控楼、综合楼室内消火栓的间距不应超过30m。其他室内消火栓的间距不应超过50m		
45		同一建筑物内应采用统一规格的消火栓、水枪和水带。每根水带的长度不应超过25m		
46		重点区域消火栓的数量和位置，应保证运行层任何部位有两股充实水柱同时到达		
47		消火栓附近应有开启消火栓的专用工具，且专用工具无锈蚀		
48	变压器水喷淋系统功能检查	验证变压器火灾动作信号、变压器各侧开关处于分位同时满足时水喷淋系统出口喷淋		《水喷雾灭火系统技术规范》（GB 50219—2014）
49		相应的分区雨淋报警阀（或电动控制阀、气动控制阀）动作，水力警铃应鸣响，且距水力警铃3m远处警铃声声强不应小于70dB		
50		水流指示器动作正确		
51		压力开关动作，应启动消防水泵及与其联动的相关设备		
52		电磁阀打开，雨淋阀应开启		
53		喷头点位、方向与图纸一致，覆盖范围无死角		
54		各元件启动时间、启动点压力、水流到试验装置出口所需时间，均应符合设计要求，并发出相应信号		

4.5.4 验收记录表格

水消防系统验收记录表见表 4-5-4。消防稳压泵双电源切换功能验证表见表 4-5-5。消防稳压泵手动方式切换功能验证表见表 4-5-6。

消防稳压泵自动方式下故障切换功能验证表见表 4-5-7。消防稳压泵手动方式下故障切换功能验证表见表 4-5-8。稳压泵信号核对以及压力自启功能验证表见表 4-5-9。

表 4-5-4   **水消防系统验收记录表**

设备名称	验收项目							验收人
	消防给水检查	消防水泵房检查	消防管道	地上消火栓	地下消火栓（如有）	室内消火栓	变压器水喷淋系统功能检查	
消防泵房内相关设备								
全站消防水系统管网								
全站消防井及消火栓								

表 4-5-5   **消防稳压泵双电源切换功能验证表**

序号	功能验收名称	试验步骤方法	验收结论（√或×）
1	手动方式下主用电源 N 切换备用电源 R	检查主用电源 N 为主用。备用电源 R 在备用状态	
		使用转换把手，转换至备用电源 R	
		在 OWS 查看主用电源 N 切换备用电源 R 运行信号	
2	手动方式下备用电源 R 切换主用电源 N	检查为备用电源 R 主用。主用电源 N 在备用状态	
		使用转换把手，转换至主用电源 N	
		在 OWS 查看备用电源 R 切换主用电源 N 运行信号	
3	自动方式下双电源切换	检查主用电源 N 为主用。备用电源 R 在备用状态	
		断开 I 段电源进线断路器	
		自动转换至备用电源 R	
		在 OWS 查看交流电源失电。在 OWS 查看主用电源 N 切换备用电源 R 运行信号	
		合上 I 段进线断路器	
		自动转换至主用电源 N	
		在 OWS 查看交流电源失电信号消失。备用电源 R 切换主用电源 N 运行信号	

表 4-5-6　　　　　　　　　　　　　　　　消防稳压泵手动方式切换功能验证表

序号	功能验收名称	试验步骤方法	验收结论 (√或×)
1	手动方式下时 1 号泵切 2 号泵	将转换开关 SA 打至手动	
		闭合交流分电屏中相应进线隔离开关及屏柜开关	
		闭合断路器 QF1、QF2	
		按下启动按钮 SB2，1 号泵启动	
		在 OWS 查看 1 号泵运行信号	
		按下停止按钮 SB1，1 号泵停止运行	
		在 OWS 查看 1 号泵停止运行信号	
		按下启动按钮 SB4，2 号泵启动运行	
		在 OWS 查看 2 号泵运行信号	
2	手动方式下时 2 号泵切 1 号泵	将转换开关 SA 打至手动	
		闭合交流分电屏中相应进线隔离开关及屏柜开关	
		闭合断路器 QF1、QF2	
		按下启动按钮 SB4，2 号泵启动	
		在 OWS 查看 2 号泵运行信号	
		按下停止按钮 SB4，2 号泵停止运行	
		在 OWS 查看 2 号泵停止运行信号	
		按下启动按钮 SB2，1 号泵启动运行	
		在 OWS 查看 1 号泵运行信号	

表 4-5-7　　　　　　　　　　　　消防稳压泵自动方式下故障切换功能验证表

序号	功能验收名称	试验步骤方法	验收结论（√或×）
1	自动方式下时 1 号泵切 2 号泵	闭合交流分电屏中相应进线隔离开关及屏柜开关	
		闭合断路器 QF1、QF2	
		将转换开关 SA 打至自动	
		1 号泵启动	
		在 OWS 查看 1 号泵运行信号	
		模拟热继电器 KH1 动作，1 号泵停止运行	
		在 OWS 查看 1 号泵停止运行信号	
		自动切换 2 号泵启动运行	
		在 OWS 查看 2 号泵运行信号	
2	自动方式下时 2 号泵切 1 号泵	闭合交流分电屏中相应进线隔离开关及屏柜开关	
		闭合断路器 QF1、QF2	
		将转换开关 SA 打至自动	
		2 号泵启动	
		在 OWS 查看 2 号泵运行信号	
		模拟热继电器 KH2 动作（短端子），2 号泵停止运行	
		在 OWS 查看 2 号泵停止运行信号	
		自动切换 1 号泵启动运行	
		在 OWS 查看 1 号泵运行信号	

表 4-5-8 消防稳压泵手动方式下故障切换功能验证表

序号	功能验收名称	试验步骤方法	验收结论 (√ 或 ×)
1	手动方式下时 1 号泵切 2 号泵	将转换开关 SA 打至手动	
		闭合交流分电屏中相应进线隔离开关及屏柜开关	
		闭合断路器 QF1、QF2	
		按下启动按钮 SB2，1 号泵启动	
		在 OWS 查看 1 号泵运行信号	
		模拟热继电器 KH1 动作（短端子），1 号泵停止运行	
		在 OWS 查看 1 号泵停止运行信号	
		按下启动按钮 SB4，2 号泵启动运行	
		在 OWS 查看 2 号泵运行信号	
2	手动方式下时 2 号泵切 1 号泵	将转换开关 SA 打至手动	
		闭合交流分电屏中相应进线隔离开关及屏柜开关	
		闭合断路器 QF1、QF2	
		按下启动按钮 SB4，2 号泵启动	
		在 OWS 查看 2 号泵运行信号	
		模拟热继电器 KH2 动作（短端子），2 号泵停止运行	
		在 OWS 查看 2 号泵停止运行信号	
		按下启动按钮 SB2，1 号泵启动运行	
		在 OWS 查看 1 号泵运行信号	

表 4-5-9 　　　　　　　　　　　　　　稳压泵信号核对以及压力自启功能验证表

序号	试验项目	试验地点	试验方法	验收结论（√或×）
1	稳压泵自动工作试验	综合水泵房	两台稳压泵控制把手打到"自动"位置，观察消防管网水位压力，是否在0.75MPa 启动，0.90MPa 停止	
			记录启动稳压泵启动后打压时间	
			记录稳压泵两次启动间歇时间，按照规程应在 2h 左右	
			记录工作稳压泵编号是否与消防主机后台和 OWS 报文一致	
			记录两次打压是否为同一台稳压泵	
2	单台稳压泵手动（故障）后自动稳压试验	综合水泵房	记录 1 号、2 号稳压泵分别打到"手动"位置后，消防主机后台和 OWS 报文	
			将 1 号稳压泵进线电源断开，观察 2 号稳压泵是否在 0.7MPa 启动，0.8MPa 停止	
			将 2 号稳压泵进线电源断开，观察 1 号稳压泵是否在 0.7MPa 启动，0.8MPa 停止	
3	双稳压泵均手动（故障）后报文验证	综合水泵房	将 1 号、2 号稳压泵上级电源均断开后，消防主机后台和 OWS 报文	
4	稳压泵补水功能验证	综合水泵房室外消火栓	将 1 号、2 号稳压泵打到"自动"位置，自非带电工作区域选一消火栓。开启消火栓，检查稳压泵在漏水较小时是否可以及时补压，确保管网压力保持稳定，同时观察消防主机后台和 OWS 报文	
5	稳压泵火灾报警屏遥控启动/停止	站及双极设备室	火灾报警屏遥控启停稳压泵	

4.5.5 检查评价表格

对工作中检查出的问题进行汇总记录，并进行验收评价，留档保存，水消防系统验收评价表见表 4-5-10。

表 4-5-10 水消防系统验收评价表

检查人	×××	检查日期	××××年××月××日
存在问题汇总			

4.6 泡沫喷淋系统验收标准作业卡

4.6.1 验收范围说明

本验收作业卡适用于换流站验收工作，验收范围包括双极高、低端泡沫喷淋系统。

4.6.2 验收准备工作

各阶段验收工作开展前，运检人员应当提前明确验收的时间、人员、车辆机具、仪器工具、图纸资料等，并至少在验收开展的前一天完成准备工作的确认。泡沫喷淋系统验收准备工作表见表 4-6-1，验收工器具清单见表 4-6-2。

表 4-6-1 泡沫喷淋系统验收准备工作表

序号	项目	工作内容	实施标准	负责人	备注
1	时间安排	验收工作开展前，应当组织业主、厂家、施工、监理、运检人员现场联合勘查，在各方均认为现场满足验收条件后方可开展	全站泡沫喷淋系统安装调试完毕，并完成水压测试工作		
2	人员安排	（1）如人员、车辆充足可组织多个验收组同时开展工作。 （2）每个验收组建议至少安排运检人员 2 人，厂家人员 2 人，监理 1 人。 （3）功能性实验运检人员必须全程参与并做好原始记录	验收前成立临时专项验收组，组织运检、施工、厂家、监理人员共同开展验收工作		
3	车辆工具安排	验收工作开展前，准备好验收所需车辆机具、仪器仪表、工器具、安全防护用品、验收记录材料、相关图纸及相关技术资料	（1）车辆机具、仪器仪表、工器具、安全防护用品应试验合格，满足本次施工的要求。 （2）验收记录材料、相关图纸及相关技术资料齐全并符合现场实际情况		
4	验收交底	根据本次作业内容和性质确定好检修人员，并组织学习本作业卡	要求所有工作人员都明确本次工作的作业内容、进度要求、作业标准及安全注意事项		

表 4-6-2　　　　　　　　　　　　　　　　　　泡沫喷淋系统验收工器具清单

序号	名称	型号	数量	备注
1	对讲机	—	1对	
2	管钳	—	1套	
3	泡沫液	—	1桶	

4.6.3　验收检查记录表格

泡沫喷淋系统验收检查记录表见表 4-6-3。

表 4-6-3　　　　　　　　　　　　　　　　　　泡沫喷淋系统验收检查记录表

序号	验收项目	验收方法及标准	验收结论（√或×）	备注
1	泡沫喷淋系统	管道试压合格后宜用清水进行冲洗，冲洗前应将试压时安装的隔离或封堵设施拆下，打开或关闭有关阀门，分段进行。冲洗合格后，不得再进行影响管内清洁的其他施工（随工验收）		
2		现场制作的常压钢质泡沫液储罐内、外表面应按设计要求防腐，应在严密性试验合格后进行		
3		常压钢质泡沫液储罐罐体与支座接触部位的防腐，应符合设计要求，当设计无规定时，应按加强防腐层的作法施工		
4		管道安装时，检查抱箍、法兰连接处工艺满足要求		
5		安装前，检查主机、管道、喷头等喷淋系统部件型号、参数与合同一致		
6	泡沫液	检查泡沫液型号、参数、数量、生产日期等应与供货合同保持一致		
7		灌装后应由具备资质的取样单位完成取样并送至具备检测资质单位完成检测，取得检验合格报告		

序号	验收项目	验收方法及标准	验收结论（√或×）	备注
8	外观	外观无变形及其他机械性损伤		
9		外露非机械加工表面保护涂层完好		
10		无保护涂层的机械加工面无锈蚀		
11		所有外露接口无损伤，堵、盖等保护物包封良好		
12		设备铭牌清晰、牢固，标牌和指示正确、齐全		
13	管道	焊接表面不允许有裂缝、气孔、咬边、凹陷、接送坡口错位		
14		在喷水干管或喷水管上应有防晃支架，相邻两喷头间的管段上至少应设一个吊架		
15		报警阀以后的管道上无其他用水设施		
16		管网不同部位设置的减压孔板、节流管、减压阀等减压装置均应符合设计要求		
17		地上消防管道应涂以红色或红色环道标记，区别其他管道		
18		检查管道水压试验报告合格，试验压力应为设计压力的1.5倍，保持10min，无异常后降至设计压力，30min无压力下降、无渗漏）		《泡沫灭火系统技术标准》（GB 50151—2021）
19	喷头	型号、规格应符合设计要求，各种标志应齐全		
20		安装应整齐、牢固，严禁附着涂层，安装位置和方式应符合设计要求		
21		特殊场所安装的喷头应有防护措施（如环境条件易使喷头喷孔堵塞，应选用具有相应防护措施且不影响细水喷雾效果的喷头）		《细水雾灭火系统技术规范》（GB 50898—2013）
22		溅水盘与墙面的距离符合设计要求		
23		喷头点位、方向与图纸一致，覆盖范围无死角		
24	模拟灭火功能试验（满足动作条件时）	在换流变压器火灾动作信号、换流变压器进线开关处于分位同时满足时才出口喷淋		
25		电磁阀打开，泡沫截止阀应开启		

序号	验收项目	验收方法及标准	验收结论（√或×）	备注
26	模拟灭火功能试验（满足动作条件时）	喷头正确喷出泡沫（或水），采用在最远端喷头加装压力表计方式验证远端喷头压力符合设计要求		
27		各元件启动时间、启动点压力、水流到试验装置出口所需时间，均应符合设计要求，并发出相应信号		

4.6.4 验收记录表格

泡沫喷淋系统验收记录表见表4-6-4。

表4-6-4   泡沫喷淋系统验收记录表

设备名称	验收项目					验收人
	泡沫喷淋系统安装检查	外观检查	管道检查	喷头检查	模拟灭火功能试验（满足动作条件时）	
极Ⅰ高端换流变泡沫喷淋系统						
极Ⅰ低端换流变泡沫喷淋系统						
极Ⅱ高端换流变泡沫喷淋系统						
极Ⅱ低端换流变泡沫喷淋系统						

4.6.5 检查评价表格

对工作中检查出的问题进行汇总记录，并进行验收评价，留档保存，泡沫喷淋系统检查验收评价表见表4-6-5。

表4-6-5   泡沫喷淋系统检查验收评价表

检查人	×××	检查日期	××××年××月××日
存在问题汇总			

4.7 压缩空气泡沫灭火系统验收标准作业卡

4.7.1 验收范围说明

本验收作业卡适用于换流站验收工作，验收范围包括双极高、低端压缩空气泡沫灭火系统。

4.7.2 验收准备工作

各阶段验收工作开展前，运检人员应当提前明确验收的时间、人员、车辆机具、仪器工具、图纸资料等，并至少在验收开展的前一天完成准备工作的确认。压缩空气泡沫灭火系统验收准备工作表见表 4-7-1，验收工器具清单见表 4-7-2。

表 4-7-1　　　　　　　　　　　　　　　压缩空气泡沫灭火系统验收准备工作表

序号	项目	工作内容	实施标准	负责人	备注
1	时间安排	验收工作开展前，应当组织业主、厂家、施工、监理、运检人员现场联合勘查，在各方均认为现场满足验收条件后方可开展	全站泡沫消防系统安装调试完毕，并完成水压测试工作		
2	人员安排	（1）如人员、车辆充足可组织多个验收组同时开展工作。 （2）每个验收组建议至少安排运检人员 2 人，厂家人员 2 人，监理 1 人。 （3）功能性实验运检人员必须全程参与并做好原始记录	验收前成立临时专项验收组，组织运检、施工、厂家、监理人员共同开展验收工作		
3	车辆工具安排	验收工作开展前，准备好验收所需车辆机具、仪器仪表、工器具、安全防护用品、验收记录材料、相关图纸及相关技术资料	（1）车辆机具、仪器仪表、工器具、安全防护用品应试验合格，满足本次施工的要求。 （2）验收记录材料、相关图纸及相关技术资料齐全并符合现场实际情况		
4	验收交底	根据本次作业内容和性质确定好检修人员，并组织学习本作业卡	要求所有工作人员都明确本次工作的作业内容、进度要求、作业标准及安全注意事项		

表 4-7-2　　　　　　　　　　　　　　　　压缩空气泡沫灭火系统验收工器具清单

序号	名称	型号	数量	备注
1	对讲机	—	1 对	
2	管钳	—	1 套	
3	泡沫液	—	1 桶	

4.7.3　验收检查记录表格

压缩空气泡沫灭火系统验收检查记录表见表 4-7-3。

表 4-7-3　　　　　　　　　　　　　　　　压缩空气泡沫灭火系统验收检查记录表

序号	验收项目	验收方法及标准	验收结论（√ 或 ×）	备注
1	性能参数	新建换流站单台发生装置提供的混合液额定流量不低于 4000L/min		
2		单台消防炮射程不小于 50m		
3		系统应能保证喷射时间应不低于 60min，同时泡沫原液具备 50% 裕度		
4		压缩空气泡沫产生装置气液混合比应介于 6∶1～10∶1 之间		
5		压缩空气泡沫产生装置额定出口压力应不低于 0.8MPa		
6		压缩空气泡沫喷淋灭火系统从接到启动指令到最不利点出泡沫时间不应大于 2min		
7		压缩空气泡沫消防炮灭火系统从接到启动指令到最不利点出泡沫时间不应大于 3min		
8		灭火剂应为 1% 或 3% 型		
9		灭火剂应满足灭非水溶性液体火的要求，灭火性能级别应为 1 级，抗烧水平应为 A 级		
10		泡沫 25% 析液时间应不低于 3.5min		
11		消防炮电动结构、接线盒及控制电缆增设防火隔热材料，提升耐火性能，耐火性能满足现场连续使用 60min 的要求		《2021 年 11 月换流站运行重点问题分析及处理措施报告》

序号	验收项目	验收方法及标准	验收结论（√或×）	备注
12	外观	焊接部位应均匀、不得有裂纹、烧穿、咬边等缺陷		
13		油漆件漆膜色泽均匀、完整，不得有龟裂、灰渣、气泡、严重划痕和碰伤缺陷		
14		泡沫液罐应满足防腐要求		
15		对管道及配件进行外观抽查，核查生产厂家、规格型号与设计文件及供货合同相符合		
16		对管道耐腐蚀处理进行抽查，核查耐腐蚀处理的覆盖厚度、覆盖完整度是否符合设计要求		
17		各组件标牌内容应符合图纸及相关标准、规范要求		
18		针对设备间轴流风机工作异常，导致空气压缩机过热停机问题，需开展设备间（预制舱）高温运行能力校核，不满足运行条件的，应配置主动排风设备或空压机专用导风通道，寒冷地区换流站开展设备间（预制舱）低温运行能力校核，不满足运行条件的，开展相关设备间（预制舱）改造		《2021年11月换流站运行重点问题分析及处理措施报告》
19	管道	焊接表面不允许有裂缝、气孔、咬边、凹陷、接送坡口错位		
20		在喷水干管或喷水管上应有防晃支架，相邻两喷头间的管段上至少应设一个吊架		
21		报警阀以后的管道上无其他用水设施		
22		管网不同部位设置的减压孔板、节流管、减压阀等减压装置均应符合设计要求		
23		地上消防管道应涂以红色或红色环道标记，区别其他管道		
24	喷头	型号、规格应符合设计要求，各种标志应齐全		
25		安装应整齐、牢固，严禁附着涂层，安装位置和方式应符合设计要求		
26		特殊场所安装的喷头应有防护措施		
27		溅水盘与墙面的距离符合设计要求		

序号	验收项目	验收方法及标准	验收结论（√或×）	备注
28	功能性测试试验	压缩空气泡沫灭火系统的受压部分等关键部件应与试验管网连接进行密封试验，试验压力为最大工作压力的 1.1 倍，保持 3min，各连接部件应无渗漏现象		《消防炮》（GB 19165—2019）
29		压缩空气泡沫灭火系统的受压部分等关键部件应与试验管网连接进行强度试验，试验压力为最大工作压力的 1.5 倍，保持 3min，部件应无渗漏、裂纹及永久变形等现象		
30		装置在额定工作压力和额定流量下，连续运行 60min，运行过程及运行后装置不应发生故障及过热报警等现象，任何部件不应出现损坏、变形和渗漏现象		
31		装置在正常运行时，系统切换冗余部件，测试冗余切换功能是否正常		
32		系统管网水压强度试验以系统管网最低点作为测试点，测试压力为额定工作压力 1.5 倍，稳压时间达到 30min，目测管网应无泄漏且压降不应大于 0.05MPa		
33		水压严密性试验的测试压力为额定工作压力，稳压时间 24h，应无泄漏		
34		消防炮应具备一键预置位功能。消防炮应具有"一键指向预置位""一键巡检消防炮"功能，预置位包括但不限于分接开关、网侧套管升高座		
35		远程控制琴台控制消防炮，消防炮运动机构应转动灵活可靠		
36		无线遥控控制消防炮，消防炮运动机构应转动灵活可靠		
37		画面回传功能测试中，应实现高清可见光、红外热成像流畅、清晰无卡涩		
38		移动式消防炮无线信号正常、遥控指令执行正确、移动行驶正常、曲臂上升及收回功能正常		

4.7.4 验收记录表格

泡沫喷淋系统验收记录表见表 4-7-4。压缩空气泡沫灭火系统消防炮功能检查验收表见表 4-7-5。压缩空气泡沫灭火系统消防琴台功能检查验收表见表 4-7-6。无线遥控功能检查验收表见表 4-7-7。消防炮控制方式功能检查验收表见表 4-7-8。火警联动功能检查验收表见表 4-7-9。

表 4-7-4 泡沫喷淋系统验收记录表

设备名称	验收项目					验收人
	性能参数检查	外观检查	管道检查	喷头检查	功能性测试试验检查	
极Ⅰ高端换流变压缩空气泡沫灭火系统						
极Ⅰ低端换流变压缩空气泡沫灭火系统						
极Ⅱ高端换流变压缩空气泡沫灭火系统						
极Ⅱ低端换流变压缩空气泡沫灭火系统						

表 4-7-5 压缩空气泡沫灭火系统消防炮功能检查验收表

序号	功能验收名称	试验步骤方法	试验情况	验收结论（√或×）
1	消防炮就地控制柜功能验证	按下"开阀"按钮持续 3s	后台消防联动控制屏与 OWS 界面显示消防电动阀门打开	
2		按下"关阀"按钮持续 1s	后台消防联动控制屏与 OWS 界面显示消防电动阀门关闭	
3		持续按下"上"按钮	消防炮口向下动作	
4		持续按下"下"按钮	消防炮口向下动作	
5		持续按下"左"按钮	消防炮口向左动作	
6		持续按下"右"按钮	消防炮口向右动作	
7		持续按下"柱状"按钮	消防炮喷水处于柱状	
8		持续按下"雾状"按钮	消防炮喷水处于雾状	
9		持续按下"预置位 1"按钮 1s	消防炮到达预置位 1	
10		持续按下"预置位 2"按钮 1s	消防炮到达预置位 2	
11		持续按下"复位"按钮 1s	消防炮恢复到初始状态	
12		按下"急停"按钮	消防炮和消防电动阀门停止一切操作，后台消防联动控制屏与 OWS 界面显示消防电动阀门停止	
13		同时对不同的消防炮控制屏进行控制	不同消防炮之间没有信号干扰	

表 4-7-6

压缩空气泡沫灭火系统消防琴台功能检查验收表

序号	功能验收名称	试验步骤方法	试验情况	验收结论（√或×）
1	琴台控制功能验证	按下"地址＋"和"地址一"	琴台 LED 显示屏有消防炮位置切换	
2		按下"预置位 1"按钮	炮运行灯亮，消防炮控制面板预留位置 1 亮，消防炮到达预置位 1	
3		按下"预置位 2"按钮	炮运行灯亮，消防炮控制面板预留位置 2 亮，消防炮到达预置位 2	
4		按下"就位"按钮	CAFS 联动控制屏收到"就位输出"指令，消防炮状态屏就位指示灯亮	
5		按下"复位"按钮	炮运行灯亮，消防炮控制面板显示屏复位指示灯亮，消防炮自动回转到初始状态	
6		操控遥控把手进行"上、下、左、右"操作	炮运行灯亮，消防炮依据操作步骤有相应"上、下、左、右"动作，在有长时间同一方向时，消防炮状态显示屏上相应极限指示灯亮	
7		按下"雾状"按钮	消防炮喷水处于雾状，消防炮状态显示屏压力示数出现	
8		按下"柱状"按钮	消防炮喷水处于柱状，消防炮状态显示屏压力示数出现	
9		按下"禁止""允许"按钮，使琴台状态处于"禁止"状态，操控遥控把手、按下"预置位 1"按钮、按下"预置位 2"按钮、按下"复位"按钮等控制消防炮移动按钮	炮运行灯不亮、消防炮无移动现象	
10		选择琴台管理平台消防炮控制面板，下拉炮号选择框，进行炮号选择	琴台 LED 显示屏有消防炮位置切换	
11		点击消防炮控制面板"上""下""左""右"箭头	炮运行灯亮，消防炮依据操作步骤有相应"上、下、左、右"动作，在有长时间同一方向时，消防炮状态显示屏上相应极限指示灯亮	
12		点击复位按钮	炮运行灯亮，消防炮自动回转到初始状态	

序号	功能验收名称	试验步骤方法	试验情况	验收结论（√或×）
13	琴台控制功能验证	点击就位输出	CAFS联动控制屏收到"就位输出"指令，消防炮状态屏就位指示灯亮	
14		点击一键指向	弹出换流变压器选择界面，选择变压器后换流变压器相应消防炮自动打到消防炮预置位置	
15		点击"巡检开启"	炮运行灯亮，CAFS联动控制屏收到"巡检开启"指令，消防炮开始巡检	
16		点击"巡检停止"	炮运行灯灭，CAFS联动控制屏收到"巡检停止"指令，消防炮停止巡检	
17		点击"自摆开启"	炮运行灯亮，CAFS联动控制屏收到"自摆开启"指令，消防炮开始自摆	
18		点击"自摆停止"	炮运行灯亮，CAFS联动控制屏收到"自摆停止"指令，消防炮停止自摆	
19		按下"主机""备机"按钮，使琴台状态处于"备机"状态，重复1～9步骤	1～9步骤情况反应正常	
20		同时通过琴台遥控把手和琴台管理平台消防炮控制面板对不同的消防炮进行操控	不同消防炮之间的操控互不影响	

表 4-7-7 　　　　　　　　　　　　　**压缩空气泡沫灭火系统无线遥控功能检查验收表**

序号	功能验收名称	试验步骤方法	试验情况	验收结论（√或×）
1	无线遥控器控制功能验证	按下"炮＋""炮－"按键	遥控器数码管显示当前遥控器的地址号	
2		按下"开/关阀"按钮	后台消防联动控制屏与OWS界面显示消防电动阀门打开/关闭	

序号	功能验收名称	试验步骤方法	试验情况	验收结论（√或×）
3	无线遥控器控制功能验证	按"上、下、左、右"按钮	炮运行灯亮，消防炮依据操作步骤有相应"上、下、左、右"动作，在有长时间同一方向时，消防炮状态显示屏上相应极限指示灯亮	
4		按下"雾状"按钮	消防炮喷水处于雾状，消防炮状态显示屏压力示数出现	
5		按下"柱状"按钮	消防炮喷水处于柱状，消防炮状态显示屏压力示数出现	
6		"上"和"下"同时按下、"左"和"右"同时按下、"雾状"和"柱状"同时按下	视作无效操作，消防炮不运行	

表 4-7-8　　　　　　　　　　　压缩空气泡沫灭火系统消防炮控制方式功能检查验收表

序号	功能验收名称	试验步骤方法	试验情况	验收结论（√或×）
1	消防炮控制方式优先级别验证	消防炮就地控制柜随机选择一个消防炮进行操作	消防炮能够进行正常动作	
2		消防炮就地控制柜无操作，无线遥控装置选择相同的消防炮进行操作	消防炮能够进行正常操作	
3		消防炮控制柜选择一个方向进行操作，无线遥控装置选择相反方向进行操作，如消防炮控制柜选择"上"，无线遥控装置选择"下"方向	炮运行灯亮，消防炮依据消防炮控制柜方向操作步骤有相应"上、下、左、右"动作，无线遥控装置操作步骤无响应	
4		消防炮控制柜选择一个方向进行操作，无线遥控装置选择其他方向进行操作，如消防炮控制柜选择"上"，无线遥控装置选择"左"或"右"方向	炮运行灯亮，消防炮依据消防炮控制柜方向操作步骤有相应"上、下、左、右"动作，无线遥控装置操作步骤也有相应动作	

表 4-7-9 　　　　　　　　　　　　压缩空气泡沫灭火系统火警联动功能检查验收表

序号	功能验收名称	试验步骤方法	后台事件	现场状态	验收结论 (√或×)
1	极Ⅰ低端 YYA 相换流变火警联动控制	南瑞后台打至自动模式并确认			
2		模拟极Ⅰ低端 YYA 相换流变火灾报警信号	(1) 后台报出极Ⅰ低端 YYA 相换流变火灾信号。 (2) 后台报出分区选择阀打开。 (3) 后台报出极Ⅰ低端 YYA 相喷淋选择阀打开。 (4) 后台报出 CAFS 设备间卷帘门打开。 (5) 后台报出 1 号增压泵启动。 (6) 后台报出 CAFS 装置启动	(1) 分区选择阀开启。 (2) 极Ⅰ低端 YYA 相喷淋阀开启。 (3) CAFS 设备间四面卷帘门打开。 (4) 1 号增压泵启动。 (5) CAFS 装置启动，空压机启动，泡沫泵启动。 (6) 现场开始喷淋压缩空气泡沫	
3		琴台操作消防炮 6 和 7 至预置位		消防炮调整位置至预置位	
4		消防炮到达预置位后点击琴台上就位按钮	后台报出消防炮 6 和 7 打开信号	(1) 消防炮 6 和 7 启动。 (2) 现场消防炮开始喷射压缩空气泡沫	

4.7.5　检查评价表格

对工作中检查出的问题进行汇总记录，并进行验收评价，留档保存。压缩空气泡沫灭火系统检查验收评价表见表 4-7-10。

表 4-7-10 　　　　　　　　　　　　压缩空气泡沫灭火系统检查验收评价表

检查人	×× ×	检查日期	×× ××年×× 月×× 日
存在问题汇总			

4.8 接地极消防系统验收标准作业卡

4.8.1 验收范围说明

本验收作业卡适用于换流站验收工作，验收范围包括接地极预制舱内消防系统。

4.8.2 验收准备工作

各阶段验收工作开展前，运检人员应当提前明确验收的时间、人员、车辆机具、仪器工具、图纸资料等，并至少在验收开展的前一天完成准备工作的确认。接地极消防系统检查验收准备工作表见表 4-8-1，验收工器具清单见表 4-8-2。

表 4-8-1　　　　　　　　　　　　　　　　　　**接地极消防系统检查验收准备工作表**

序号	项目	工作内容	实施标准	负责人	备注
1	时间安排	验收工作开展前，应当组织业主、厂家、施工、监理、运检人员现场联合勘查，在各方均认为现场满足验收条件后方可开展	全站泡沫消防系统安装调试完毕，并完成水压测试工作		
2	人员安排	（1）如人员、车辆充足可组织多个验收组同时开展工作。 （2）每个验收组建议至少安排运检人员 2 人，厂家人员 2 人，监理 1 人。 （3）功能性试验运检人员必须全程参与并做好原始记录	验收前成立临时专项验收组，组织运检、施工、厂家、监理人员共同开展验收工作		
3	车辆工具安排	验收工作开展前，准备好验收所需车辆机具、仪器仪表、工器具、安全防护用品、验收记录材料、相关图纸及相关技术资料	（1）车辆机具、仪器仪表、工器具、安全防护用品试验合格，满足本次施工的要求。 （2）验收记录材料、相关图纸及相关技术资料齐全并符合现场实际情况		
4	验收交底	根据本次作业内容和性质确定好检修人员，并组织学习本作业卡	要求所有工作人员都明确本次工作的作业内容、进度要求、作业标准及安全注意事项		

表 4-8-2　　　　　　　　　　　　　　　　接地极消防系统检查验收工器具清单

序号	名称	型号	数量	备注
1	万用表	—	1块	
2	螺丝刀	—	每人1套	
3	安全带	—	每人1套	

4.8.3　验收检查记录表格

接地极消防系统检查记录表见表 4-8-3。

表 4-8-3　　　　　　　　　　　　　　　　接地极消防系统检查记录表

序号	验收项目	验收方法及标准	验收结论（√或×）	备注
1	储气罐	外观及压力表完好，罐内压力正常范围内		
2	电磁阀	铅封完好		
3	气体回路	连接紧固		
4	控制主机	手自动切换正常		
5	喷头	喷头外观完好且没有缺失		
6	接线端子	接线紧固，无松动，与竣工图纸一致		
7	屏柜内消防电源	电源外观完好，能正常供电、断电，主/备电源切换功能正常		
8	感烟探头	外观完好，工作正常		
9	感温探头	外观完好，工作正常		
10	火灾报警控制器	外观完好，工作正常		
11	气体灭火控制器	外观完好，工作正常		

4.8.4　验收记录表格

接地极消防系统验收记录表见表 4-8-4。

表 4-8-4 **接地极消防系统验收记录表**

设备名称	验收项目					验收人
	泡沫灭火系统检查	外观检查	管道检查	喷头检查	模拟灭火功能试验（满足动作条件时）	
接地极预制舱内消防系统						

4.8.5 检查评价表格

对工作中检查出的问题进行汇总记录，并进行验收评价，留档保存，接地极消防系统检查验收评价表见表 4-8-5。

表 4-8-5 **接地极消防系统检查验收评价表**

检查人	×××	检查日期	××××年××月××日
存在问题汇总			

4.9 消防器材验收标准作业卡

4.9.1 验收范围说明

本验收作业卡适用于换流站验收工作，验收范围包括全站消防器材。

4.9.2 验收准备工作

各阶段验收工作开展前，运检人员应当提前明确验收的时间、人员、车辆机具、仪器工具、图纸资料等，并至少在验收开展的前一天完成准备工作的确认。消防器材验收准备工作表见表 4-9-1，验收工器具清单见表 4-9-2。

表 4-9-1 **消防器材验收准备工作表**

序号	项目	工作内容	实施标准	负责人	备注
1	时间安排	验收工作开展前，应当组织业主、厂家、施工、监理、运检人员现场联合勘查，在各方均认为现场满足验收条件后方可开展	全站泡沫消防系统安装调试完毕，并完成水压测试工作		

序号	项目	工作内容	实施标准	负责人	备注
2	人员安排	（1）如人员、车辆充足可组织多个验收组同时开展工作。 （2）每个验收组建议至少安排运检人员2人，厂家人员2人，监理1人。 （3）功能性试验运检人员必须全程参与并做好原始记录	验收前成立临时专项验收组，组织运检、施工、厂家、监理人员共同开展验收工作		
3	车辆工具安排	验收工作开展前，准备好验收所需车辆机具、仪器仪表、工器具、安全防护用品、验收记录材料、相关图纸及相关技术资料	（1）车辆机具、仪器仪表、工器具、安全防护用品应试验合格，满足本次施工的要求。 （2）验收记录材料、相关图纸及相关技术资料齐全并符合现场实际情况		
4	验收交底	根据本次作业内容和性质确定好检修人员，并组织学习本作业卡	要求所有工作人员都明确本次工作的作业内容、进度要求、作业标准及安全注意事项		

表 4-9-2　　　　　　　　　　　　　　　消防器材验收工器具清单

序号	名称	型号	数量	备注
1	抹布	—	1块	
2	对讲机	—	1对	

4.9.3　验收检查记录表格

消防器材验收检查记录表见表4-9-3。

表 4-9-3　　　　　　　　　　　　　　　消防器材验收检查记录表

序号	验收项目	验收方法及标准	验收结论（√或×）	备注
1	室内灭火器配置	控制（继保）室、开关（母线）室、交直流电源室、电缆竖井、微机（通信）室、电容器室、接地变（消弧线圈）室、生活场所配置灭火器，规格型号及数量符合电力消防管理规定要求，检验合格，在有效期内，放置位置合理		
2		阀厅巡视走廊入口及内部应配置喷射距离足够的灭火器		

序号	验收项目	验收方法及标准	验收结论（√或×）	备注
3	室内灭火器配置	蓄电池室灭火器应放置在门外		
4		电缆夹层可配置悬挂式 4kg 超细干粉灭火器		
		压力表、维修标示符合要求		
5	灭火器及配套措施	特殊场所灭火器应有保护措施		
6		灭火器周围不应有障碍物、遮挡、拴系等影响取用的现象		
7		灭火器箱不应上锁，箱内应干燥、清洁		
8		配置推车式 50kg 干粉灭火器，室外推车式灭火器配置不锈钢灭火器箱		
9	室外变压器（电抗器）消防器材	配置不锈钢消防砂箱，其附件都为不锈钢材质，安装牢固可靠		
10		沙箱箱体端正、无变形，箱体各表面无凹凸等加工缺陷。沙箱箱门/箱盖开启操作应轻便灵活，无卡阻现象。标注的字体应直观、醒目、均匀		
11		箱内沙子应干燥松散，配置适当数量的消防铲、消防桶		
12		配置正压式呼吸器（碳钢）		
13	站内公用设施消防器材配置	配置消防铲、消防斧、消防沙桶，桶内装满细沙		
14		应配备 2 台消防水泵，互为备用		
15		配置活动式喷雾水枪，含相应的消防水带。数量满足消防管理规定要求		

4.9.4 验收记录表格

消防器材验收记录表见表 4-9-4。

表 4-9-4　　　　　　　　　　　　　　消防器材验收记录表

设备名称	验收项目				验收人
	室内灭火器配置	灭火器及配套措施	室外变压器（电抗器）消防器材	站内公用设施消防器材配置	
全站消防器材					

4.9.5 检查评价表格

对工作中检查出的问题进行汇总记录，并进行验收评价，留档保存，消防器材验收评价表见表 4-9-5。

表 4-9-5   **消防器材验收评价表**

检查人	×××	检查日期	××××年××月××日
存在问题汇总			

第5章 空 调 设 备

5.1 应用范围

本作业指导书适用于换流站空调设备交接试验和竣工验收工作，部分验收项目需根据实际情况提前安排，通过随工验收、资料检查等方式开展，旨在指导并规范现场验收工作。

5.2 规范依据

本作业指导书的编制依据并不限于以下文件：

1.《国家电网有限公司防止直流换流站事故措施及释义（修订版）》

2.《±800kV 直流换流站设计规范》(GB/T 50789—2012)

3.《旋转电机预防性试验规程》(DL/T 1768—2017)

4.《国家电网公司直流换流站验收管理规定 第21分册 空调系统验收细则》

5.3 验收方法

5.3.1 验收流程

空调设备专项验收工作应参照表 5-3-1 的内容顺序开展，并在验收工作中把握关键时间节点。

表 5-3-1 空调设备专项验收流程表

序号	验收项目	主要工作内容	参考工时	开展验收需满足的条件
1	阀厅空调设备	（1）阀厅空调主体电机、压缩机、冷水机组、组合式空气处理机组及送风系统、循环水泵、蒸发器等设备元件检查验收。 （2）制冷压缩机启动、通风机组启动、通风机组切换、冷水回路补水功能等试验验收	12h	（1）阀塔（户内直流场设备）安装完成，并完成清灰工作。 （2）主辅机已经安装完成，屏柜等已经进行清洁。 （3）闭式循环水系统已经运行，压力试验已完成。 （4）制冷剂加注完成，已完成检漏。 （5）消防系统已经调试完成，具备联动试验的条件

序号	验收项目	主要工作内容	参考工时	开展验收需满足的条件
2	多联机系统	（1）多联机系统整体机组验收。 （2）管道附件验收。 （3）控制系统验收	12h	（1）多联机系统已经安装完成。 （2）空调制冷剂加注完成，压力试验已完成
3	单体空调（防爆空调）	单体空调（防爆空调）室内外主机验收	6h	（1）单体空调（防爆空调）已经安装完成。 （2）小室环境已清洁整理

5.3.2 验收问题记录清单

对于验收过程中发现的隐患和缺陷，应当按照表 5-3-2 进行记录，每日向业主项目部提报，并由专人负责跟踪闭环进度。

表 5-3-2 　　　　　　　　　　　　　　　　空调设备验收问题记录单

序号	设备名称	问题描述	发现人	发现时间	整改情况
1	极Ⅰ高端螺杆机 A 设备	……	×××	××××年××月××日	……
2	极Ⅱ高端螺杆机 B 设备	……	×××	××××年××月××日	……

5.4 阀厅空调设备验收标准作业卡

5.4.1 验收范围说明

本验收作业卡适用于换流站验收工作，验收范围包括双极高、低端阀厅空调设备。

5.4.2 验收准备工作

各阶段验收工作开展前，运检人员应当提前明确验收的时间、人员、车辆机具、仪器工具、图纸资料等，并至少在验收开展的前一天完成准备工作的确认。阀厅空调设备验收准备工作表见表 5-4-1，验收工器具清单见表 5-4-2。

表 5-4-1 阀厅空调设备验收准备工作表

序号	项目	工作内容	实施标准	负责人	备注
1	时间安排	验收工作开展前,应当组织业主、厂家、施工、监理、运检人员现场联合勘查,在各方均认为现场满足验收条件后方可开展	阀厅空调冷却水循环系统安装工作已完成		
2	人员安排	(1) 如人员、车辆充足可组织多个验收组同时开展工作。 (2) 每个验收组建议至少安排运检人员 2 人,厂家人员 2 人,监理 1 人,平台车专职驾驶员 1 人(厂家或施工单位人员)	验收前成立临时专项验收组,组织运检、施工、厂家、监理人员共同开展验收工作		
3	车辆工具安排	验收工作开展前,准备好验收所需车辆机具、仪器仪表、工器具、安全防护用品、验收记录材料、相关图纸及相关技术资料	(1) 车辆机具、仪器仪表、工器具、安全防护用品应试验合格,满足本次施工的要求。 (2) 验收记录材料、相关图纸及相关技术资料齐全并符合现场实际情况		
4	验收交底	根据本次作业内容和性质确定好检修人员,并组织学习本作业卡	要求所有工作人员都明确本次工作的作业内容、进度要求、作业标准及安全注意事项		

表 5-4-2 阀厅空调设备验收工器具清单

序号	名称	型号	数量	备注
1	安全带	—	每人 1 套	
2	对讲机	—	1 对	
3	万用表	—	1 台	
4	绝缘电阻表	—	1 台	
5	钳形电流表	—	1 台	
6	阀厅平台车	—	1 辆	
7	车辆接地线	—	1 根	
8	检漏仪	—	1 台	

5.4.3 验收检查记录表格

阀厅空调设备验收检查记录表见表 5-4-3。

表 5-4-3 阀厅空调设备验收检查记录表

序号	验收项目	验收方法及标准	验收结论（√或×）	备注
1	主体电机	外观清洁，无杂物		
2		所有接线端子连接牢固，运行后使用红外测温仪测量动力回路无发热		
3		风冷换热器表面清洁，换热翅片整齐		
4		电机接线端子连接线应与图纸相符，连接应紧固、端子排螺丝应紧固		
5		电机启动功能正常		
6		电机启动装置显示数据准确清晰，设定值检查符合设备说明书要求		
7		轴承正常运转无异响		
8		电机启动联锁机构功能正常，风机运行稳定，无杂音		
9		电机启动传动皮带无撕裂声音，运行平稳无抖动		
10		电机绝缘电阻不低于 $0.5M\Omega$（1000V），各相绕组直阻相互差别不应超过最小值的 2%		《旋转电机预防性试验规程》（DL/T 1768—2017）
11	压缩机	压缩机的吸气/排气阀、电磁阀功能正常		
12		压缩机干燥过滤器检查正常		
13		压缩机油温加热器工作正常		
14		冷媒无泄漏、液位正常，制冷循环系统功能正常		
15		热力膨胀阀功能正常		
16		电磁四通阀功能正常		
17		油泵、油过滤网等功能正常		

序号	验收项目	验收方法及标准	验收结论（√或×）	备注
18	压缩机	压缩机工作无异常声响		
19		电机绝缘电阻不低于 0.5MΩ（1000V），各相绕组直阻相互差别不应超过最小值的 2%		《旋转电机预防性试验规程》（DL/T 1768—2017）
20		压缩机制冷剂压力正常满足要求		
21		螺杆机冷凝风机启动平稳运行正常、无杂音		
22		螺杆机压缩机工作无杂音，运行稳定，振动不大于机组的明示值		
23		接地可靠，减震器安装稳固		
24	冷水机组	水冷换热器水流量符合设计规范要求		
25		水冷换热器水流开关功能正常		
26		水质处理符合设计规范要求		
27	组合式空气处理机组及送风系统	皮带完好，所有皮带松紧度一致，运行无抖动，运行平稳		
28		送风量符合设计规范要求		
29		振动及噪声符合设计规范要求		
30		滤网压差满足要求，空气过滤网安装整齐牢固，并测试运行风量应符合设计规范要求		
31		机组两级及以上空气过滤网配置齐全，过滤网两端压差测量气管应连接完好，无破损		《±800kV 直流换流站设计规范》（GB/T 50789—2012）
32		阀厅过滤网气流方向应与滤网上箭头的方向一致		
33		风机皮带轮在同一水平面		
34		空调空气处理机组运行各个风阀启动正常，动作时间符合设计要求		
35		风口与风管的连接应严密、牢固，与装饰面相紧贴，表面平整、不变形，调节灵活、可靠		

序号	验收项目	验收方法及标准	验收结论 (√或×)	备注
36	组合式空气处理机组及送风系统	电加热器功能正常		
37		风机旋转方向正确、运转平稳、无异常振动与声响，其电机运行功率应符合设计规范要求		
38		空调系统送、回风畅通、出风口的温度达到设计标准		
39		空调通风管道内清洁无灰尘，外观整齐清洁，吊装牢固可靠，接地线应接地可靠		
40		空调送风管道保温层应包覆整齐美观，接缝严密无冷凝水		
41		加湿器启动测试，喷雾正常，加湿量应符合设计要求		
42	循环水泵	水流方向正确，水流开关动作正确		
43		电机接线端子连接线应与图纸相符，连接应紧固、端子排螺丝应紧固		
44		电机启动功能正常		
45		轴承正常运转无异响，无发热		
46		电机绕组直阻相互差别不应超过最小值的2%		《旋转电机预防性试验规程》(DL/T 1768—2017)
47		无异常噪声和振动		
48	蒸发器	蒸发器排管完好无损，无砂眼		
49		盘管及翅片无腐蚀		
50	过滤器	滤网孔大小符合规范		
51		拱形盖和壳体用锡焊密封完好，无制冷剂外漏		
52		安装时注意液体流向，安装方向正确，流向标识清晰		
53	干燥器	端盖密封完好		
54		硅胶颗粒完好，无碎状颗粒堵住管道		
55		干燥器中干燥剂符合有关标准		

序号	验收项目	验收方法及标准	验收结论（√或×）	备注
56	膨胀阀	感应结构正常，功能完好并且有很好的弹性变形性能		
57		在膨胀阀开度的控制指令中，应包含压缩机频率和蒸发器温度		
58		阀针调节流量、功能正常		
59	毛细管	毛细管必须与制冷剂相匹配		
60		毛细管的节流能力正常，符合相关规范		
61		当几根毛细管并联使用时要用分液器		
62		分离器下部必须保持一定高度的氨液		
63	油分离器	螺旋状隔板自上至下旋转流动正常		
64	储液器	储液器上部的进液角阀中心应比冷凝器出液口低 200mm 以上		
65		储液器中的储液量不超过储液器本身的容积的 80%		
66		储液器密封完好，无渗漏		
67	控制箱	控制箱外壳接地体符合设计要求，接地可靠		
68		控制回路接线正确，各引线、螺栓接线紧固，引线裸露部分不大于 5mm		
69		连接导线截面符合设计要求，动力回路禁止使用多股铜线直接连接，标志清晰		
70		控制箱内各元件应符合设计要求		
71		交直流回路应按有关规定分开		
72		控制箱密封良好，内外清洁无锈蚀，端子排清洁无异物		
73		电加热功能正常，功率应符合设计要求		
74		空调控制箱内各元件应符合设计要求，并含有控制系统逻辑图		
75		各二次电缆排列应整齐，均应有保护措施，接线盒密封良好		

序号	验收项目	验收方法及标准	验收结论 (√或×)	备注
76	PLC 屏柜	屏柜内外部清洁无杂物		
77		表面干净，接地良好，二次回路端子检查紧固、连接端子无松动，端子号齐全正确并与图纸一致		
78		各功能键反应正确、灵敏，液晶显示清晰、正确		
79	管道	阀厅空调通风管道清洁，无灰尘		
80		空调通风管道保温层应包覆完整牢固，无冷凝水		
81		水管路覆盖保温层符合要求，水管路无渗漏		
82		最低温度低于 0℃ 的地区需要给水管路中添加乙二醇，水与乙二醇的混合液体冰点应小于当地最低温度。如无此项工作，应采取其他方式的防冻措施		
83		管道电动阀各项功能试验，运行正常，执行器应安装防雨罩，标识牌清晰可见		
84		管道阀门操作无卡涩，标识牌清晰可见，管道排气阀安装位置正确，测试功能运行良好		
85		在系统最高处及所有可能积聚空气的高点设置排气阀，在管路最低点设置排水管及排水阀		
86		阀厅空调有压水管未穿过主控楼或辅控楼内控制设备间		《±800kV 直流换流站设计规范》（GB/T 50789—2012）
87	补水箱	补水箱中乙二醇和水的总量应在液位 2/3 或以上		
88		补水箱中乙二醇和水的混合液体比例应与管道中一致		
89		补水箱上方有盖子密封		
90	表计	传输数据正常、灵敏、精准		
91		检验合格证应粘贴在表计的合适位置		
92	其他	所有管道外表无异常，各连接处密封良好		

序号	验收项目	验收方法及标准	验收结论 （√或×）	备注
93	其他	各组件标牌与图纸一致		
94		各功能键反应正确、灵敏，液晶显示清晰、正确		
95		各阀门位置指示清晰，正确		
96		管道水流量方向标识清晰、正确		
97		所有线缆、水管道、通风管道应有相关标识		
98		铭牌正确		
99		各二次电缆排列应整齐，均应有保护措施，接线盒密封良好		
100		各二次回路的接线应符合二次要求		
101		二次回路绝缘良好		
102		安装应牢固、接地可靠，电机运行正常，无杂音		
103		百叶窗叶片完好无损伤变形，百叶窗封堵符合要求		

5.4.4 验收记录表格

对工作中对于重要的内容进行专项检查记录，并留档保存，阀厅空调控制功能验收记录表见表5-4-4。

表5-4-4　　　　　　　　　　　　　　　　　阀厅空调控制功能验收记录表

序号	试验项目	试验方法	试验现象	验收结论 （√或×）
1	制冷压缩机启动试验	在人机界面模拟阀厅空调环境温度传感器数据达到制冷压缩机启动定值，观察阀厅空调运行状态	检查阀厅空调正确启动制冷压缩机，功能正常，螺杆机组循环水温有明显降低	
2	通风机组启动试验	在人机界面操作通风机组启动，观察阀厅空调运行状态	检查阀厅空调正确启动通风机组，功能正常，机组压差、风速符合产品说明书要求	

续表

序号	试验项目	试验方法	试验现象	验收结论（√或×）
3	通风机组切换试验	在人机界面操作通风机组切换，观察阀厅空调运行状态	检查阀厅空调正确切换通风机组，功能正常，机组压差、风速符合产品说明书要求	
4	冷水回路补水功能试验	在人机界面操作冷水回路进行手动补水，观察冷水回路补水状态	检查冷水回路补水泵启动，功能正常，循环水泵回水口、出水口压力明显上升	
5		在补水回路控制柜处模拟循环水管道的采样压力达到补水定值，观察冷水回路补水状态	检查冷水回路补水泵启动，功能正常，循环水泵回水口、出水口压力明显上升	
6	空调报警事件传动	在阀厅空调控制柜处模拟空调压力、压差、温度、风速变送器数据上送故障	检查就地控制屏柜、在后台故障告警信息正确完整	
7	阀厅空调与消防系统联动试验	模拟阀厅消防告警逻辑动作信号，检查阀厅空调系统联动逻辑执行正确	阀厅消防报警动作后，阀厅空调系统正确关闭、排烟窗关闭	
8	螺杆机控制功能验证	在螺杆机控制柜内模拟螺杆机故障信号，检查自动切换功能执行正确	螺杆机故障告警后，应自动切换备机使用，自动投入使用功能应实现	
9		在螺杆机人机界面将螺杆机切换至本地控制模式，对螺杆机进行手动启停控制	验证在本地控制模式下螺杆机可独立手动控制启停	
10	循环水泵控制功能验证	在循环水泵控制柜内模拟循环水泵故障信号，检查自动切换功能执行正确	循环水泵故障告警后，应自动切换备机使用，自动投入使用功能应实现	
11		在循环水泵人机界面将水泵切换至本地控制模式，对循环水泵进行手动启停控制	验证在本地控制模式下循环水泵可独立手动控制启停	
12	空气处理机组控制功能验证	在空气处理机组控制柜内模拟空气处理机组故障信号，检查自动切换功能执行正确	空气处理机组故障告警后，应自动切换备机使用，自动投入使用功能应实现	
13		在空气处理机组人机界面将空气处理机组切换至本地控制模式，对空气处理机组进行手动启停控制	验证在本地控制模式下空气处理机组可独立手动控制启停	
14	阀厅空调电源切换验证	对阀厅空调电源切换装置进行操作，验证电源切换正常	电源切换正常	

146

5.4.5 验收记录表格

在工作中对于重要的内容进行专项检查记录，并留档保存，阀厅空调设备验收记录表见表5-4-5。

表 5-4-5　　　　　　　　　　　　　　　　　　　阀厅空调设备验收记录表

设备名称	验收项目																	验收人
	主体电机	压缩机	冷水机组	组合式空气处理机组及送风系统	循环水泵	蒸发器	过滤器	干燥器	膨胀阀	毛细管	油分离器	储液器	控制箱	PLC屏柜	管道	补水箱	表计	其他	
极Ⅰ高端阀厅空调																			
极Ⅰ低端阀厅空调																			
极Ⅱ高端阀厅空调																			
极Ⅱ低端阀厅空调																			

5.4.6 检查评价表格

对工作中检查出的问题进行汇总记录，并进行验收评价，留档保存，阀厅空调螺杆机光纤验收评价表见表5-4-6。

表 5-4-6　　　　　　　　　　　　　　　　　　阀厅空调螺杆机光纤验收评价表

检查人	×××	检查日期	××××年××月××日
存在问题汇总			

5.5 多联机系统设备验收标准作业卡

5.5.1 验收范围说明

本验收作业卡适用于换流站验收工作，验收范围包括全站多联机空调系统。

5.5.2　验收准备工作

各阶段验收工作开展前，运检人员应当提前明确验收的时间、人员、车辆机具、仪器工具、图纸资料等，并至少在验收开展的前一天完成准备工作的确认。多联机系统验收准备工作表见表5-5-1，验收工器具清单见表5-5-2。

表 5-5-1　　　　　　　　　　　　　　　　　　　　多联机系统验收准备工作表

序号	项目	工作内容	实施标准	负责人	备注
1	时间安排	验收工作开展前，应当组织业主、厂家、施工、监理、运检人员现场联合勘查，在各方均认为现场满足验收条件后方可开展	（1）多联机系统已经安装完成。 （2）空调制冷剂加注完成，压力试验已完成		
2	人员安排	（1）如人员、车辆充足可组多个验收组同时开展工作。 （2）每个验收组建议至少安排运检人员2人，厂家人员2人，监理1人，平台车专职驾驶员1人（厂家或施工单位人员）	验收前成立临时专项验收组，组织运检、施工、厂家、监理人员共同开展验收工作		
3	车辆工具安排	验收工作开展前，准备好验收所需车辆机具、仪器仪表、工器具、安全防护用品、验收记录材料、相关图纸及相关技术资料	（1）车辆机具、仪器仪表、工器具、安全防护用品应试验合格，满足本次施工的要求。 （2）验收记录材料、相关图纸及相关技术资料齐全并符合现场实际情况		
4	验收交底	根据本次作业内容和性质确定好检修人员，并组织学习本作业卡	要求所有工作人员都明确本次工作的作业内容、进度要求、作业标准及安全注意事项		

表 5-5-2　　　　　　　　　　　　　　　　　　　　多联机系统验收工器具清单

序号	名称	型号	数量	备注
1	对讲机	—	1对	
2	万用表	—	1台	
3	绝缘电阻表	—	1台	
4	钳形电流表	—	1台	
5	检漏仪	—	1台	

5.5.3 验收检查记录表格

多联机空调验收检查记录表见表5-5-3。多联机空调验收记录表见表5-5-4。

表5-5-3 多联机空调验收检查记录表

序号	验收项目	验收方法及标准	验收结论（√或×）	备注
1	整体机组	空调制冷及制热功能正常		
2		空调制冷剂使用R410A冷媒或其他环保冷媒		
3		阀控上部没有空调管道、空调进出风口。阀控室内的通风管道未在阀控屏柜顶部		
4		多联机室内机和室外机噪声测量值不应超过有关规定		
5		空调机组室内外机外观完好，无锈蚀、损伤，安装应牢固、可靠，固定空调机组的螺栓应拧紧，并有防松动措施		
6		设备接地连接牢固，接地电阻符合要求		
7		空调机组应清扫干净，箱体内应无杂物、垃圾和积尘		
8	管道附件	冷凝水的排放应流畅，无溢出、无渗漏		
9		送风均匀，运转无异常声响		
10		风口与风管的连接应严密、牢固，与装饰面相紧贴，表面平整、不变形，调节灵活、可靠。条形风口的安装接缝处应衔接自然，无明显缝隙，同一厅室、房间内的相同风口的安装高度应一致，排列应整齐		
11		空调机组内空气过滤器（网）和空气热交换器翅片应清洁、完好		
12	控制系统	温度控制器操作正常有效		
13		控制系统能对系统内的所有室内机进行集中控制，且每台室内机能够单独控制		
14		能显示机组的运行状况及报警信息		

表 5-5-4　　　　　　　　　　　　　　　　　　多联机空调验收记录表

设备名称	验收项目			验收人
	整体机组	管道附件	控制系统	
综合楼多联机空调机				
极Ⅰ高端辅控楼多联机空调机				
极Ⅱ高端辅控楼多联机空调机				
主控楼多联机空调机				
500kV第1继电器小室空调机				
500kV第2继电器小室空调机				
500kV第3继电器小室空调机				
……	……	……	……	

5.5.4　检查评价表格

对工作中检查出的问题进行汇总记录，并进行验收评价，留档保存，多联机空调验收评价表见表 5-5-5。

表 5-5-5　　　　　　　　　　　　　　　　　　多联机空调验收评价表

检查人	×××	检查日期	××××年××月××日
存在问题汇总			

5.6　单体空调（防爆空调）设备验收标准作业卡

5.6.1　验收范围说明

本验收作业卡适用于换流站验收工作，验收范围包括全站小室单体空调（防爆空调）。

5.6.2 验收准备工作

各阶段验收工作开展前，运检人员应当提前明确验收的时间、人员、车辆机具、仪器工具、图纸资料等，并至少在验收开展的前一天完成准备工作的确认。单体空调（防爆空调）验收准备工作表见表5-6-1，单体空调（防爆空调）验收工器具清单见表5-6-2。

表5-6-1   单体空调（防爆空调）验收准备工作表

序号	项目	工作内容	实施标准	负责人	备注
1	时间安排	验收工作开展前，应当组织业主、厂家、施工、监理、运检人员现场联合勘查，在各方均认为现场满足验收条件后方可开展	（1）单体空调（防爆空调）已安装完成。（2）空调制冷剂加注完成，压力试验已完成		
2	人员安排	（1）如人员、车辆充足可组织多个验收组同时开展工作。（2）每个验收组建议至少安排运检人员2人，厂家人员2人，监理1人，平台车专职驾驶员1人（厂家或施工单位人员）	验收前成立临时专项验收组，组织运检、施工、厂家、监理人员共同开展验收工作		
3	车辆工具安排	验收工作开展前，准备好验收所需车辆机具、仪器仪表、工器具、安全防护用品、验收记录材料、相关图纸及相关技术资料	（1）车辆机具、仪器仪表、工器具、安全防护用品试验合格，满足本次施工的要求。（2）验收记录材料、相关图纸及相关技术资料齐全并符合现场实际情况		
4	验收交底	根据本次作业内容和性质确定好检修人员，并组织学习本作业卡	要求所有工作人员都明确本次工作的作业内容、进度要求、作业标准及安全注意事项		

表5-6-2   单体空调（防爆空调）验收工器具清单

序号	名称	型号	数量	备注
1	对讲机	—	1对	
2	万用表	—	1台	
3	绝缘电阻表	—	1台	
4	钳形电流表	—	1台	
5	检漏仪	—	1台	

5.6.3 验收检查记录表格

单体空调（防爆空调）验收检查记录表见表5-6-3。单体空调（防爆空调）验收记录表见表5-6-4。

表 5-6-3   单体空调（防爆空调）验收检查记录表

序号	验收项目	验收方法及标准	验收结论（√或×）	备注
1	室内外主机	空调、除湿机组室内、外机外观完好，无锈蚀、损伤，安装应牢固、可靠，固定空调机组的螺栓应拧紧，并有防松动措施		
2		空调应对角布置在高压配电室的两个角落，且出风口不得朝向柜体，除湿机应对称布置在高压开关柜中段位置		
3		空调、除湿机组应清扫干净，箱体内应无杂物、垃圾和积尘		
4		设备接地连接牢固，接地电阻符合要求		
5		空调、除湿机组功能正常，制冷、制热、除湿功能均可正常运行，运行过程中无异常声响及振动		

表 5-6-4   单体空调（防爆空调）验收记录表

序号	设备名称	验收项目	验收人
		整体机组	
1	综合楼单体空调（防爆空调）机		
2	极Ⅰ高端辅控楼单体空调（防爆空调）机		
3	极Ⅱ高端辅控楼单体空调（防爆空调）机		
4	主控楼单体空调（防爆空调）机		
5	500kV第1继电器小室空调机		
6	500kV第2继电器小室空调机		
7	500kV第3继电器小室空调机		
8	………	………	

5.6.4 检查评价表格

对工作中检查出的问题进行汇总记录，并进行验收评价，留档保存，单体空调（防爆空调）验收评价表见表5-6-5。

表 5-6-5 　　　　　　　　　　　　　　　　单体空调（防爆空调）验收评价表

检查人	×××	检查日期	××××年××月××日
存在问题汇总			

第6章 视频、安防等辅助设施

6.1 应用范围

本作业指导书适用于换流站视频、安防等辅助设施交接试验和竣工验收工作，部分验收项目需根据实际情况提前安排，通过随工验收、资料检查等方式开展，旨在指导并规范现场验收工作。

6.2 规范依据

本作业指导书的编制依据并不限于以下文件：

1.《±800kV换流站屏、柜及二次回路接线施工及验收规范》(Q/GDW 1224—2014)

2.《国家电网公司直流换流站验收管理规定 第22分册 辅助设施验收细则》

3.《2022年04月换流站运行重点问题分析及处理措施报告》

6.3 验收方法

6.3.1 验收流程

辅助设施设备专项验收工作应参照表6-3-1的内容顺序开展，并在验收工作中把握关键时间节点。

表6-3-1   辅助设施设备专项验收流程表

序号	验收项目	主要工作内容	参考工时	开展验收需满足的条件
1	视频监控系统检查	(1) 视频监控系统外观检查验收。 (2) 功能测试验收。 (3) 连续运行测试验收。 (4) 画面质量验收。 (5) 视频监控屏验收。 (6) 主控室后台验收。 (7) 机柜验收。 (8) 硬盘录像机验收。	8h	(1) 视频摄像头安装完成，并完成清灰工作。

序号	验收项目	主要工作内容	参考工时	开展验收需满足的条件
1	视频监控系统检查	（9）电源验收。 （10）预设位验收	8h	（2）视频监控后台已经调试完成，具备查看图形画面的条件，并且具备控制功能
2	安防设施检查	（1）安防设施外观检查验收。 （2）联动报警试验验收。 （3）探测前端设施功能验证验收。 （4）门禁控制单元验收。 （5）锁具配置验收。 （6）辅助装置验收。 （7）联动试验验收。 （8）控制系统验收	4h	安防设施安装完成，并完成清灰工作，且已经接入监控后台
3	工业水及生活水系统检查	（1）工业水及生活水系统外观检查验收。 （2）水泵启停操作验收。 （3）阀门操作验收。 （4）水处理系统验收。 （5）水池自动补水验收。 （6）排水系统验收。 （7）控制系统水位监视验收。 （8）设备电源验收。 （9）起重设备验收	12h	（1）工业生活水设备安装完成，并完成清灰工作，相关信号已经接入后台。 （2）隐蔽工程验收完毕
4	防汛排水系统检查	（1）防汛排水系统外观检查验收。 （2）强排水泵验收验收	4h	（1）防汛排水系统设备安装完成，并完成清灰工作，相关信号已经接入后台。 （2）隐蔽工程验收完毕
5	照明系统检查	（1）照明系统外观检查验收。 （2）灯具验收验收	8h	照明系统设备安装完成，并完成清灰工作
6	SF_6气体含量监测设施检查	（1）SF_6气体含量监测设施外观检查验收。 （2）主机验收。 （3）传感器验收。 （4）安装接线验收。 （5）现场操作现场检查验收	4h	SF_6气体含量监测设施安装完成，并完成清灰工作

6.3.2 验收问题记录清单

对于验收过程中发现的隐患和缺陷，应当按照表 6-3-2 进行记录，每日向业主项目部提报，并由专人负责跟踪闭环进度。

表 6-3-2   辅助设施设备验收问题记录单

序号	设备名称	问题描述	发现人	发现时间	整改情况
1	视频监控系统	……	×××	××××年××月××日	……
2	……	……	……	……	……

6.4 视频监控系统检查验收标准作业卡

6.4.1 验收范围说明

本验收作业卡适用于换流站视频监控系统检查验收交接验收工作，验收范围包括全站视频监控系统。

6.4.2 验收准备工作

各阶段验收工作开展前，运检人员应当提前明确验收的时间、人员、车辆机具、仪器工具、图纸资料等，并至少在验收开展的前一天完成准备工作的确认。视频监控系统检查验收准备工作表见表 6-4-1，验收工器具清单见表 6-4-2。

表 6-4-1   视频监控系统检查验收准备工作表

序号	项目	工作内容	实施标准	负责人	备注
1	时间安排	验收工作开展前，应当组织业主、厂家、施工、监理、运检人员现场联合勘查，在各方均认为现场满足验收条件后方可开展	（1）视频摄像头安装完成，并完成清灰工作。 （2）视频监控后台已经调试完成，具备查看图形画面的条件，并且具备控制功能		
2	人员安排	（1）如人员、车辆充足可组织多个验收组同时开展工作。 （2）每个验收组建议至少安排运检人员 2 人，厂家人员 2 人，监理 1 人，平台车专职驾驶员 1 人（厂家或施工单位人员）	验收前成立临时专项验收组，组织运检、施工、厂家、监理人员共同开展验收工作		

序号	项目	工作内容	实施标准	负责人	备注
3	车辆工具安排	验收工作开展前，准备好验收所需车辆机具、仪器仪表、工器具、安全防护用品、验收记录材料、相关图纸及相关技术资料	（1）车辆机具、仪器仪表、工器具、安全防护用品应试验合格，满足本次施工的要求。 （2）验收记录材料、相关图纸及相关技术资料齐全并符合现场实际情况		
4	验收交底	根据本次作业内容和性质确定好检修人员，并组织学习本作业卡	要求所有工作人员都明确本次工作的作业内容、进度要求、作业标准及安全注意事项		

表 6-4-2　　　　　　　　　　　　视频监控系统检查验收工器具清单

序号	名称	型号	数量	备注
1	阀厅平台车	—	1辆	
2	安全带	—	每人1套	
3	车辆接地线	—	1根	
4	对讲机	—	1对	

6.4.3　验收检查记录表格

视频监控系统验收检查记录表见表 6-4-3。

表 6-4-3　　　　　　　　　　　　视频监控系统验收检查记录表

序号	验收项目	验收方法及标准	验收结论（√或×）	备注
1	视频监控系统外观检查	摄像机外观完好，镜头清洁，补光灯、雨刷等工作正常		
2		摄像机支架牢固，无锈蚀，接地良好		
3		摄像头安装牢固，云台控制灵活，转动范围大		
4		信号线和电源引线安装牢固，布线美观，无松动及风偏		

序号	验收项目	验收方法及标准	验收结论（√或×）	备注
5	视频监控系统外观检查	场地清洁，无安装遗留物件，有关调试接线拆除		
6		电缆洞封堵良好，视频监控屏用多股铜线与接地铜网连接，并可靠接地		
7		视频监控屏内端子排接线合格、牢固，电缆名称牌齐全，标牌走向清晰明确		
8		视频监控屏内空气开关、熔丝符合设计规定，标志符号清晰、正确、标签齐全		
9		视频监控屏内交直流回路绝缘符合要求（二次回路的电源回路送电前，应检查绝缘，其绝缘电阻值不应小于 $1M\Omega$）		《±800kV换流站屏、柜及二次回路接线施工及验收规范》（Q/GDW 1224—2014）
10		各光缆、接线、单元模块应有明确标识		
11	功能测试	通过远程电力视频平台功能验收		
12	连续运行测试	连续运行72h测试过程中，不出现系统崩溃、死机等稳定性问题，且不出现部分功能失效或重大功能缺陷		
13	画面质量	监控平台各视频画面清晰		
14	视频监控屏	视频显示主机运行正常，传感器运行正常		
15		视频主机屏上各指示灯正常，网络连接完好，交换机（网桥）指示灯正常		
16		聚焦、亮度、画面切换、参数设置等操作方便		
17		画面自动轮巡显示正常		
18		灯光控制功能正常		
19		报警管理与查询功能正确		
20		自动录像功能及回放时间符合要求		
21	主控室后台	各视频画面清晰		
22		画面自动轮巡显示正常		
23		画面切换、聚焦、亮度、布防/撤防、灯光等控制功能正常，控制响应迅速		

序号	验收项目	验收方法及标准	验收结论 （√或×）	备注
24	机柜	使用换流站用标准机柜，颜色与现场其他机柜一致		
25		各摄像机间用专用电缆连接		
26	硬盘录像机	配置不少于 8 块 SATA 硬盘，同时支持 16 路网络摄像机和模拟摄像机视频数据的存储		
27		能够根据视频平台操作发出来的命令控制视频切换、画面分割，控制镜头聚焦、近景/远景、光圈调节，控制云台上下、左右和自动巡视动作		
28		具备失电后自动恢复功能		
29	电源	接入站内交流电源		
30		电源适配器能防雷和防过电压		
31	预设位	非固定式摄像机可在预设时间内自动转回至预设位		

6.4.4 验收记录表格

视频监控系统试验验收记录表见表 6-4-4，视频监控屏内交直流回路绝缘专项检查记录表见表 6-4-5。

表 6-4-4　　　　　　　　　　　　　　　　　　视频监控系统试验验收记录表

设备名称	试验项目										验收人
	视频监控系统外观检查	功能测试	连续运行测试	画面质量	视频监控屏	主控室后台	机柜	硬盘录像机	电源	预设位	
视频监控系统											

表 6-4-5　　　　　　　　　　　　　　　视频监控屏内交直流回路绝缘专项检查记录表

序号	名称	绝缘电阻（MΩ）	验收结论 （√或×）
1	××屏××交/直流回路（1000V，大于 1MΩ）		
2	……	……	

6.4.5 检查评价表格

对工作中检查出的问题进行汇总记录，并进行验收评价，留档保存，视频监控系统验收评价表见表6-4-6。

表 6-4-6　　　　　　　　　　　　　　　　　　视频监控系统验收评价表

检查人	×××	检查日期	××××年××月××日
存在问题汇总			

6.5 安防设施检查验收标准作业卡

6.5.1 验收范围说明

本验收作业卡适用于换流站安防设施检查验收交接验收工作，验收范围包括：脉冲电子围栏、门禁系统、公共广播、实体防护装置。

6.5.2 验收准备工作

各阶段验收工作开展前，运检人员应当提前明确验收的时间、人员、车辆机具、仪器工具、图纸资料等，并至少在验收开展的前一天完成准备工作的确认。安防设施检查验收准备工作表见表6-5-1，验收工器具清单见表6-5-2。

表 6-5-1　　　　　　　　　　　　　　　　　安防设施检查验收准备工作表

序号	项目	工作内容	实施标准	负责人	备注
1	时间安排	验收工作开展前，应当组织业主、厂家、施工、监理、运检人员现场联合勘查，在各方均认为现场满足验收条件后方可开展	安防设施安装完成，并完成清灰工作，且已经接入监控后台		
2	人员安排	（1）如人员、车辆充足可组织多个验收组同时开展工作。 （2）每个验收组建议至少安排运检人员1人，厂家人员1人，施工单位2人，监理1人，平台车专职驾驶员1人（厂家或施工单位人员）	验收前成立临时专项验收组，组织运检、施工、厂家、监理人员共同开展验收工作		

序号	项目	工作内容	实施标准	负责人	备注
3	车辆工具安排	验收工作开展前，准备好验收所需车辆机具、仪器仪表、工器具、安全防护用品、验收记录材料、相关图纸及相关技术资料	（1）车辆机具、仪器仪表、工器具、安全防护用品应试验合格，满足本次施工的要求。 （2）验收记录材料、相关图纸及相关技术资料齐全并符合现场实际情况		
4	验收交底	根据本次作业内容和性质确定好检修人员，并组织学习本作业卡	要求所有工作人员都明确本次工作的作业内容、进度要求、作业标准及安全注意事项		

表 6-5-2　　　　　　　　　　　　　　安防设施检查验收工器具清单

序号	名称	型号	数量	备注
1	平台车	—	1辆	
2	安全带	—	每人1套	
3	车辆接地线		1根	
4	力矩扳手	满足力矩检查要求	1套	
5	签字笔	红色、黑色	1套	
6	对讲机	—	每人1台	

6.5.3　验收检查记录表格

安防设施验收检查记录表见表 6-5-3。

表 6-5-3　　　　　　　　　　　　　　安防设施验收检查记录表

序号	验收项目	验收方法及标准	验收结论（√或×）	备注
1	安防设施外观检查	主机防区：双防区主机、多防区主机台数符合现场实际要求		
2		主机安装应牢固，美观，使用不锈钢箱进行防护，IP 等级应达到 55 等级		

序号	验收项目	验收方法及标准	验收结论（√或×）	备注
3	安防设施外观检查	机柜安放应竖直，柜面水平，柜面应完整，无损伤，螺丝坚固，柜体接地完好可靠		
4		各防区防盗报警主机工作电源应正常，各指示灯正常，无异常信号，控制箱箱体清洁、无锈蚀、无凝露，主机电源线、信号线连接牢固，穿管处封堵良好		
5		摄像机外观完好，镜头清洁，补光灯、雨刷等工作正常		
6		摄像机支架牢固，无锈蚀，接地良好		
7		摄像头安装牢固，云台控制灵活，转动范围大		
8	联动报警试验	各处红外双鉴探测器报警试验		
9		电子围栏开路、短路报警试验		
10		电子围栏各防区均应按要求进行模拟入侵响应试验和故障报警的联动试验，装置报警正常，入侵报警、装置故障信号上传到安防平台或110报警服务中心		
11		联动报警试验，联动报警防区位置的视频监控调整摄像位置并录像		
12		各处红外双鉴探测器报警试验		
13		子围栏开路、短路报警试验		
14	探测前端设施功能验证	红外探测器或激光探测器支架安装牢固，无倾斜、断裂，角度正常，外观完好，红外探测器指示灯正常		
15		主出入口、走廊、控制（继保）室、安全工器具室、通信机房、高压开关室、探测器安装无盲区		
16		主建筑物上安装声光报警装置2处以上，四面围墙各一个		
17		各入侵报警信号接入正确		
18		门口红外对射接入正确		
19		红外探测器或激光探测器工作区间无影响报警系统正常工作的异物。主动红外探测器探测距离符合现场要求		

序号	验收项目	验收方法及标准	验收结论 (√或×)	备注
20	探测前端设施功能验证	红外探测器线路应穿管暗设		
21		红外探测器或激光探测器支架安装牢固，无倾斜、断裂，角度正常，外观完好，红外探测器指示灯正常		
22	门禁控制单元	有与报警主机联动撤布防的接口		
23		门禁系统读卡器防尘、防水盖完好，无破损、脱落		
24		读卡器安装在门口，避免直接安装在金属表面、强磁场附近、距另一读卡器方圆 50cm 之内、室外无遮挡或水下		
25		门禁系统交流输入电源应取自换流站交流不间断电源（UPS）屏		
26	锁具配置	锁具：通过公安部安全与警用电子产品质量检测中心（MA）型式检验，采用通电上锁方式，无机械磨损		
27		换流站大门处：门内、门外各配置 1 只读卡器、1 只键盘		
28		主控楼门：门外配置 1 只读卡器，门内配置 2 只出门按钮开/关大门。门上配置一把电控锁		
29		主控室门：门外配置 1 只读卡器，门内配置 1 只出门按钮。门上配置 1 把电控锁		
30	辅助装置	具有应急开锁装置，在电控锁故障时，可通过遥控方式实现		
31	联动试验	远方开门正常、关门可靠，读卡器及按键密码开门正常，电控锁指示灯正常		
32		远方开门与撤防、关门与布防试验正常		
33		远方开关门控制与视频联动试验正常		
34		火灾报警与门禁联动试验正常		
35		公共广播与安防视频联动试验正常		
36		公共广播与火灾报警系统联动试验正常		
37	控制系统	主控室广播控制台能正常遥控开机、关机，优先播放权正常，可实现分区广播和强制切换		
38		音量自动控制系统正常，并可实现灵活调节		

6.5.4 验收记录表格

安防设施验收记录表见表 6-5-4。

表 6-5-4 安防设施验收记录表

设备名称	验收项目								验收人
	安防设施外观检查	联动报警试验	探测前端设施功能验证	门禁控制单元	锁具配置	辅助装置	联动试验	控制系统	
安防设施									

6.5.5 检查评价表格

对工作中检查出的问题进行汇总记录，并进行验收评价，留档保存，安防设施验收评价表见表 6-5-5。

表 6-5-5 安防设施验收评价表

检查人	×××	检查日期	××××年××月××日
存在问题汇总			

6.6 工业水及生活水系统检查验收标准作业卡

6.6.1 验收范围说明

本验收作业卡适用于换流站工业水及生活水系统检查验收交接验收工作，验收范围包括全站工业水及生活水系统验收。

6.6.2 验收准备工作

各阶段验收工作开展前，运检人员应当提前明确验收的时间、人员、车辆机具、仪器工具、图纸资料等，并至少在验收开展的前一天完成准备工作的确认。工业水及生活水系统检查验收准备工作表见表 6-6-1，验收工器具清单见表 6-6-2。

表 6-6-1 工业水及生活水系统检查验收准备工作表

序号	项目	工作内容	实施标准	负责人	备注
1	时间安排	验收工作开展前,应当组织业主、厂家、施工、监理、运检人员现场联合勘查,在各方均认为现场满足验收条件后方可开展	(1) 工业生活水设备安装完成,并完成清灰工作,相关信号已经接入后台。 (2) 隐蔽工程验收完毕		
2	人员安排	(1) 如人员、车辆充足可组织多个验收组同时开展工作。 (2) 每个验收组建议至少安排运检人员 1 人,厂家人员 1 人,施工单位 1 人,监理 1 人。 (3) 水管接头力矩检查工作建议由施工人员和厂家配合进行,运检、监理监督见证并记录数据	验收前成立临时专项验收组,组织运检、施工、厂家、监理人员共同开展验收工作		
3	车辆工具安排	验收工作开展前,准备好验收所需车辆机具、仪器仪表、工器具、安全防护用品、验收记录材料、相关图纸及相关技术资料	(1) 车辆机具、仪器仪表、工器具、安全防护用品应试验合格,满足本次施工的要求。 (2) 验收记录材料、相关图纸及相关技术资料齐全并符合现场实际情况		
4	验收交底	根据本次作业内容和性质确定好检修人员,并组织学习本作业卡	要求所有工作人员都明确本次工作的作业内容、进度要求、作业标准及安全注意事项		

表 6-6-2 工业水及生活水系统检查验收工器具清单

序号	名称	型号	数量	备注
1	签字笔	红色、黑色	1 套	
2	对讲机	—	每人 1 台	
3	万用表	—	1 套	
4	钳形电流表	—	1 台	
5	绝缘电阻表	—	1 台	
6	直流电阻测试仪	—	1 台	
7	安全带	—	1 台	
8	试压泵	—	1 台	

6.6.3 验收检查记录表格

工业水及生活水系统检查验收检查记录表见表6-6-3。

表6-6-3　　　　　　　　　　　　　　工业水及生活水系统检查验收检查记录表

序号	验收项目	验收方法及标准	验收结论（√或×）	备注
1	工业水及生活水系统外观检查	外观检查完好，无锈蚀部位		
2		水泵进出水标识清晰		
3		户外水泵及电机应有可靠防雨措施		
4		立式水泵的减振装置不应采用弹簧减振器		
5		泵启动时振动及噪声符合标准规定要求		
6	水泵启停操作	水泵正常启停操作		
7		主用泵和备用泵的自动切换正常		
8	管道阀门	各类阀门正常分合操作功能正常		
9	水处理系统	补水功能正常		
10		手动、自动反冲洗功能正常		
11		主用系统和备用系统的切换功能正常		
12		自动加药功能正常、异常情况报警提示正常		
13		检测处理完成的水质，符合生活用水规范要求		
14	水池自动补水	水池应能够根据水位控制补水		
15	排水系统	生活污水排水系统灌水试验合格，排放正常		
16	控制系统水位监视	水池水位在运维人员工作站上显示正常，告警信息准确。水池现场有明显物理水位计，能现场准确读取水位信息，且设置视频监控系统实现水池水位或对水位计的监视		
17	设备电源	电源切换试验正常		
18	起重设备	起重设备试验正常		

6.6.4 验收记录表格

工业水及生活水系统试验验收记录表见表6-6-4。

表 6-6-4 工业水及生活水系统试验验收记录表

设备名称	试验项目									验收人
	工业水及生活水系统外观检查	水泵启停操作	管道阀门	水处理系统	水池自动补水	排水系统	控制系统水位监视	设备电源	起重设备	
生活水系统										
极Ⅰ高端工业补水系统										
极Ⅰ低端工业补水系统										
极Ⅱ高端工业补水系统										
极Ⅱ低端工业补水系统										

6.6.5 检查评价表格

对工作中检查出的问题进行汇总记录，并进行验收评价，留档保存，工业水及生活水系统检查验收评价表见表6-6-5。

表 6-6-5 工业水及生活水系统检查验收评价表

检查人	×××	检查日期	××××年××月××日
存在问题汇总			

6.7 防汛排水系统验收标准作业卡

6.7.1 验收范围说明

本验收作业卡适用于换流站防汛排水系统验收交接验收工作，验收范围包括全站防汛排水验收。

6.7.2 验收准备工作

各阶段验收工作开展前，运检人员应当提前明确验收的时间、人员、车辆机具、仪器工具、图纸资料等，并至少在验收开展的前一天完成准备工作的确认。防汛排水系统验收准备工作表见表6-7-1，验收工器具清单见表6-7-2。

表 6-7-1　　　　　　　　　　　　　　　　防汛排水系统验收准备工作表

序号	项目	工作内容	实施标准	负责人	备注
1	时间安排	验收工作开展前，应当组织业主、厂家、施工、监理、运检人员现场联合勘查，在各方均认为现场满足验收条件后方可开展	（1）防汛排水系统设备安装完成，并完成清灰工作，相关信号已经接入后台。 （2）隐蔽工程验收完毕		
2	人员安排	（1）如人员、车辆充足可组织多个验收组同时开展工作。 （2）每个验收组建议至少安排运检人员2人，厂家人员2人，监理1人（厂家或施工单位人员）	验收前成立临时专项验收组，组织运检、施工、厂家、监理人员共同开展验收工作		
3	车辆工具安排	验收工作开展前，准备好验收所需车辆机具、仪器仪表、工器具、安全防护用品、验收记录材料、相关图纸及相关技术资料	（1）车辆机具、仪器仪表、工器具、安全防护用品应试验合格，满足本次施工的要求。 （2）验收记录材料、相关图纸及相关技术资料齐全并符合现场实际情况		
4	验收交底	根据本次作业内容和性质确定好检修人员，并组织学习本作业卡	要求所有工作人员都明确本次工作的作业内容、进度要求、作业标准及安全注意事项		

表 6-7-2　　　　　　　　　　　　　　　　防汛排水系统验收工器具清单

序号	名称	型号	数量	备注
1	签字笔	红色、黑色	1套	
2	对讲机	—	每人1台	
3	万用表	—	1台	
4	钳形电流表	—	1台	
5	绝缘电阻表	—	1台	

序号	名称	型号	数量	备注
6	直流电阻测试仪	—	1台	
7	安全带	—	1台	
8	气体检测仪	—	1台	
9	通风装置	—	1台	
10	正压式呼吸器	—	1台	

6.7.3 验收检查记录表格

防汛排水系统验收检查记录表见表6-7-3。

表 6-7-3　　　　　　　　　　　　　　　　　**防汛排水系统验收检查记录表**

序号	验收项目	验收方法及标准	验收结论（√或×）	备注
1	防汛排水系统外观检查	系统使用的水泵（包括备用泵、稳压泵），铭牌的规格、型号、性能指标应符合设计要求		
2		设备应完整、无损坏		
3		水泵应采用自灌式吸水，阀门设置合理，水泵安装符合相关标准		
4		水泵吸水阀离水池底的距离应符合设计要求		
5		水泵出水管管径及数量应符合设计要求		
6	强排水泵验收	系统使用的水泵（包括备用泵、稳压泵），铭牌的规格、型号、性能指标应符合设计要求		
7		设备应完整、无损坏		
8		水泵应采用自灌式吸水，阀门设置合理，水泵安装符合相关标准，室内电缆沟内、地下电缆夹层内必须安装		
9		水泵吸水阀离水池底的距离应符合设计要求		

序号	验收项目	验收方法及标准	验收结论（√或×）	备注
10		水泵出水管管径及数量应符合设计要求		
11		强制排水泵供电系统符合要求，开关保护灵敏可靠，控制线敷设平直，电缆吊挂标准，保护接地安全可靠		
12	强排水泵验收	控制箱安装牢固，关闭严密，柜内继电器、接触器工作正常，表计或指示灯显示正确		
13		启动强排水泵时应保证在 5min 内正常运行		
14		强排水泵应设主、备电源，且应能自动切换		
15		强排水泵应具备自动、手动功能		
16		强排给水系统设计宜采用主泵、备用泵的设计。能根据排水量要求启动		

6.7.4 验收记录表格

防汛排水系统验收记录表见表 6-7-4。

表 6-7-4　　　　　　　　　　　　　　　　防汛排水系统验收记录表

设备名称	验收项目		验收人
	防汛排水系统外观检查	强排水泵验收	
防汛排水系统			

6.7.5 检查评价表格

对工作中检查出的问题进行汇总记录，并进行验收评价，留档保存，防汛排水系统验收评价表见表 6-7-5。

表 6-7-5　　　　　　　　　　　　　　　　防汛排水系统验收评价表

检查人	×××	检查日期	××××年××月××日
存在问题汇总			

6.8 照明系统验收标准作业卡

6.8.1 验收范围说明

本验收作业卡适用于换流站照明系统验收交接验收工作，验收范围包括全站照明系统验收。

6.8.2 验收准备工作

各阶段验收工作开展前，运检人员应当提前明确验收的时间、人员、车辆机具、仪器工具、图纸资料等，并至少在验收开展的前一天完成准备工作的确认。照明系统验收准备工作见表 6-8-1，验收工器具清单见表 6-8-2。

表 6-8-1　　　　　　　　　　　　　　　　照明系统验收准备工作表

序号	项目	工作内容	实施标准	负责人	备注
1	时间安排	验收工作开展前，应当组织业主、厂家、施工、监理、运检人员现场联合勘查，在各方均为现场满足验收条件后方可开展	照明系统设备安装完成，并完成清灰工作		
2	人员安排	（1）如人员、车辆充足可组织多个验收组同时开展工作。（2）每个验收组建议至少安排运检人员 2 人，厂家人员 2 人，监理 1 人	验收前成立临时专项验收组，组织运检、施工、厂家、监理人员共同开展验收工作		
3	车辆工具安排	验收工作开展前，准备好验收所需车辆机具、仪器仪表、工器具、安全防护用品、验收记录材料、相关图纸及相关技术资料	（1）车辆机具、仪器仪表、工器具、安全防护用品应试验合格，满足本次施工的要求。（2）验收记录材料、相关图纸及相关技术资料齐全并符合现场实际情况		
4	验收交底	根据本次作业内容和性质确定好检修人员，并组织学习本作业卡	要求所有工作人员都明确本次工作的作业内容、进度要求、作业标准及安全注意事项		

表 6-8-2　　　　　　　　　　　　　　　　照明系统验收工器具清单

序号	名称	型号	数量	备注
1	平台车	—	1 辆	

序号	名称	型号	数量	备注
2	安全带	—	每人1套	
3	车辆接地线	—	1根	
4	对讲机	—	1对	

6.8.3 验收检查记录表格

照明系统验收检查记录表见表 6-8-3。

表 6-8-3 照明系统验收检查记录表

序号	验收项目	实施方法	验收结论（√或×）	备注
1		灯具安装应牢固、美观，线路、孔洞不外露，且便于更换		
2		灯具设置合理，运行正常，亮度符合要求		
3		主控制室和通信室、备用应急照明采用荧光灯或节能灯		
4		疏散应急照明采用自带蓄电池的应急灯具，应急灯的连续放电时间按2h计算		
5	照明系统外观检查	疏散应急照明灯具和消防疏散指示标志灯具应配玻璃或不燃烧材料制作的保护罩		
6		蓄电池室油处理室等易燃易爆物品存放地点照明灯具采用防爆型（LED防爆灯或防爆金属卤化物灯），阀控式密封铅酸蓄电池室内的照明可不考虑防爆		
7		水泵房采用防潮灯具或带防水灯头的开启式灯具		
8		道路、屋外配电装置优先采用LED灯或节能灯，也可采用高压钠灯或金属卤化物灯		
9		室外照明灯具及控制开关应为防水型，防护等级不低于IP65		
10		气体放电灯（高压钠灯、金属卤化物灯）应装设补偿电容器		

序号	验收项目	实施方法	验收结论（√或×）	备注
11	灯具验收	灯具安装应牢固、美观，线路、孔洞不外露，且便于更换		
12		灯具设置合理，运行正常，亮度符合要求		
13		主控制室和通信室、备用应急照明采用荧光灯或节能灯		
14		疏散应急照明采用自带蓄电池的应急灯具，应急灯的连续放电时间按 2h 计算		
15		疏散应急照明灯具和消防疏散指示标志灯具应配玻璃或不燃烧材料制作的保护罩		
16		蓄电池室油处理室等易燃易爆物品存放地点照明灯具采用防爆型（LED 防爆灯或防爆金卤灯），阀控式密封铅酸蓄电池室内的照明可不考虑防爆		
17		水泵房采用防潮灯具或带防水灯头的开启式灯具		
18		道路、屋外配电装置优先采用 LED 灯或节能灯，也可采用高压钠灯或金属卤化物灯		
19		室外照明灯具及控制开关应为防水型，防护等级不低于 IP65		
20		气体放电灯（高压钠灯、金属卤化物灯）应装设补偿电容器		
21		阀厅灯具选型应满足中华人民共和国电力行业标准《发电厂和变电站照明设计规定》(DL/T 5390—2014) 和国家电网公司企业标准《±800kV 及以上特高压直流工程阀厅设计导则》(Q/GDW 11408—2015) 相关技术规定		《2022 年 04 月换流站运行重点问题分析及处理措施报告》
22		阀厅灯具带防坠落措施，禁含紫外光。灯具额定电压为 220V，允许运行电压偏差不小于±10％，外壳防护等级不低于 IP54		《2022 年 04 月换流站运行重点问题分析及处理措施报告》
23		阀厅灯具的反射器应采用高反射率的材料。灯具应具有较强的散热能力，耐热应满足 GB 7000.1 的相关规定要求		《2022 年 04 月换流站运行重点问题分析及处理措施报告》
24		阀厅灯具优先采用 LED 灯具，灯具的发光效能不低于 100lm/W		《2022 年 04 月换流站运行重点问题分析及处理措施报告》

序号	验收项目	实施方法	验收结论（√或×）	备注
25		灯具产品应提供安全型式试验报告、照明产品蓝光危害等级试验报告、电磁兼容型式试验报告。换流站可选用权威机构认证的防爆灯具		《2022年04月换流站运行重点问题分析及处理措施报告》
26		建立灯具入网验收管理机制，开展入网前灯具检测工作，各类灯具应具备国家质量认证中心颁发的3C证书或CQC证书		《2022年04月换流站运行重点问题分析及处理措施报告》
27	灯具验收	灯具布置应满足地面照度要求，同时应防止灯具坠落或炸裂后有残片落入阀塔风险，宜布置在相邻两个阀塔的中间		《2022年04月换流站运行重点问题分析及处理措施报告》
28		单个阀厅内照明应分成多个回路，每分支回路照明电流不宜过大且灯具数量不宜过多。任一回路断电后，地面照度不低于设计照度的80％		《2022年04月换流站运行重点问题分析及处理措施报告》
29		阀厅照明控制宜在主控室集成，以便运行人员根据运维需求开闭灯具		《2022年04月换流站运行重点问题分析及处理措施报告》

6.8.4 验收记录表格

照明系统验收记录表见表6-8-4。

表6-8-4　　　　　　　　　　　　　　　　**照明系统验收记录表**

设备名称	验收项目		验收人
	照明系统外观检查	灯具验收	
综合楼照明系统			
辅控楼照明系统			
……			

6.8.5 检查评价表格

对工作中检查出的问题进行汇总记录，并进行验收评价，留档保存，照明系统验收评价表见表6-8-5。

表 6-8-5 照明系统验收评价表

检查人	×××		检查日期	××××年××月××日
存在问题汇总				

6.9 SF₆气体含量监测设施试验验收标准作业卡

6.9.1 验收范围说明

本验收作业卡适用于换流站 SF₆ 气体含量监测设施试验交接验收工作，验收范围包括换流站 SF₆ 气体含量监测设施。

6.9.2 验收准备工作

各阶段验收工作开展前，运检人员应当提前明确验收的时间、人员、车辆机具、仪器工具、图纸资料等，并至少在验收开展的前一天完成准备工作的确认。SF₆ 气体含量监测设施试验验收准备工作表见表 6-9-1，验收工器具清单见表 6-9-2。

表 6-9-1　　　　SF₆气体含量监测设施试验验收准备工作表

序号	项目	工作内容	实施标准	负责人	备注
1	时间安排	验收工作开展前，应当组织业主、厂家、施工、监理、运检人员现场联合勘查，在各方均认为现场满足验收条件后方可开展	SF₆ 气体含量监测设施安装完成，并完成清灰工作		
2	人员安排	（1）需提前沟通好换流阀和水冷验收作业面，由两个作业面配合共同开展。 （2）验收组建议至少安排运检人员 2 人，换流阀厂家人员 2 人，水冷厂家 1 人，监理 2 人	验收前成立临时专项验收组，组织运检、施工、厂家、监理人员共同开展验收工作		
3	车辆工具安排	验收工作开展前，准备好验收所需车辆机具、仪器仪表、工器具、安全防护用品、验收记录材料、相关图纸及相关技术资料	（1）车辆机具、仪器仪表、工器具、安全防护用品应试验合格，满足本次施工的要求。 （2）验收记录材料、相关图纸及相关技术资料齐全并符合现场实际情况		
4	验收交底	根据本次作业内容和性质确定好检修人员，并组织学习本作业卡	要求所有工作人员都明确本次工作的作业内容、进度要求、作业标准及安全注意事项		

表 6-9-2 **SF₆气体含量监测设施试验工器具清单**

序号	名称	型号	数量	备注
1	阀厅平台车	—	1辆	
2	连体防尘服	—	每人1套	
3	安全带	—	每人1套	
4	车辆接地线	—	1根	
5	SF₆气体含量检测仪	—	1台	

6.9.3 验收检查记录表格

SF₆气体含量监测设施试验验收检查记录表见表 6-9-3。

表 6-9-3　　　　**SF₆气体含量监测设施试验验收检查记录表**

序号	验收项目	验收方法及标准	验收结论（√或×）	备注
1	SF₆气体含量监测设施外观检查	外设配置符合合同要求、齐备、完好		
2		报警系统装置的安装符合设计规定，并且安装可靠、牢固		
3		监测装置各功能键反应正确、灵敏，液晶显示清晰、正确		
4		安装在开关室主入口门外（主机旁设风机控制箱，风机控制箱应设置在开关室门外），高度适宜，且安装牢固		
5		安装于室外时，外壳防雨、防尘		
6		参数设置氧含量≤18％时或SF₆气体浓度>1000ppm，风机自启动时间 15min 或自定义		
7	主机	外设配置符合订货要求、齐备、完好		
8		报警系统装置的安装符合设计规定，并且安装可靠、牢固		
9		各功能键反应正确、灵敏，液晶显示清晰、正确		
10		安装在开关室主入口门外（主机旁设风机控制箱，风机控制箱设置在开关室门外），高度适宜，且安装牢固		

序号	验收项目	验收方法及标准	验收结论 (√或×)	备注
11	主机	安装于室外时,外壳防雨、防尘		
12		参数设置氧含量≤18%时或SF_6气体浓度>1000ppm,风机自启动时间15min或自定义		
13	传感器	安装在开关室下部,宜安装在GIS槽钢上,分布合理,安装牢固,数量符合设计要求		
14		传感器线缆质量合格经3C认证的屏蔽电缆		
15	安装接线	采用阻燃电缆,穿防火管敷设		
16		电缆走向牌清晰、正确		
17		防火封堵满足要求		
18	现场操作 现场检查	人体靠近主机时,打开背光灯并自动提示系统运行状态,灵敏、可靠,声音响亮		
19		传感器、风机自动控制、报警音响实际验证功能正常,启动时间符合参数设置,可强制启动风机		
20		SF_6浓度超标告警信号上传及时、准确		

6.9.4 验收记录表格

SF_6气体含量监测设施验收记录表见表6-9-4。

表6-9-4　　　　　　　　　　　　　　　SF_6气体含量监测设施验收记录表

设备名称	验收项目					验收人
	SF_6气体含量监测设施外观检查	主机	传感器	安装接线	现场操作现场检查	
户内GIS设备区						
……						

6.9.5 检查评价表格

对工作中检查出的问题进行汇总记录，并进行验收评价，留档保存，SF_6 气体含量监测设施试验验收评价表见表 6-9-5。

表 6-9-5 SF_6 气体含量监测设施试验验收评价表

检查人	×××	检查日期	××××年××月××日
存在问题汇总			

第7章 接地极设备

7.1 应用范围

本作业指导书适用于换流站接地极设备的验收工作，在建管方验收已结束、运维单位收到验收申请后开展。是根据国网各类标准、反措、监督意见，结合现场设备技术规范要求编制，旨在指导并规范现场验收工作。

7.2 规范依据

本作业指导书的编制依据并不限于以下文件：

1. 《国家电网有限公司十八项电网重大反事故措施（修订版）》

2. 《国家电网有限公司防止直流换流站事故措施及释义（修订版）》

3. 《高压直流接地极技术导则》(DL/T 437—2012)

4. 《直流接地极接地电阻、地电位分布、跨步电压和分流的测量方法》(DL/T 253—2012)

5. 《接地装置特性参数测试导则》(DL/T 475—2017)

6. 《高压直流接地极监测系统通用技术规范》(DL/T 2026—2019)

7. 《±800kV 及以下直流输电接地极施工及验收规程》(DL/T 5231—2010)

8. 《国家电网有限公司直流换流站验收管理规定 第23分册 接地极验收细则》

9. 《国家电网有限公司直流换流站验收管理规定》

7.3 验收方法

7.3.1 验收流程

接地极设备专项验收工作应参照表7-3-1的内容顺序开展，并在验收工作中把握关键时间节点。

表 7-3-1　　　　　　　　　　　　　　　　　　接地极设备专项验收流程

序号	验收项目	主要工作内容	参考工时	开展验收需满足的条件
1	电抗器、电容器验收	（1）电抗器外观检查验收。 （2）电抗器试验验收。 （3）电容器外观检查验收。 （4）电容器试验验收	10h	电抗器、电容器安装完成。并且设备外观标志标识基本完成，电缆、接地、屏蔽等隐蔽工程也已经完工
2	电流互感器及接口柜验收	（1）电流互感器外观检查验收。 （2）电流互感器试验验收。 （3）电流互感器接口柜外观检查验收		电流互感器及接口柜安装完成。并且设备外观标志标识基本完成，电缆、接地、屏蔽等隐蔽工程也已经完工
3	馈电电缆验收	（1）馈电电缆外观检查验收。 （2）馈电电缆试验验收		电缆敷设完成，并经过隐蔽性工程验收，已喷涂防火涂料，防火封堵已经完成
4	站用变压器、开关柜、配电柜验收	（1）站用变压器外观检查验收。 （2）站用变压器试验验收。 （3）开关柜、配电柜外观检查验收。 （4）开关柜、配电柜试验验收		站用变压器、开关柜、配电柜安装完成。并且设备外观标志标识基本完成，电缆、接地、屏蔽等隐蔽工程也已经完工
5	隔离开关验收	（1）隔离开关外观检查验收。 （2）隔离开关试验验收		隔离开关安装完成
6	在线监测、渗水井、检测井、引流井辅助设施验收	在线监测、渗水井、检测井、引流井等辅助设施外观检查验收		在线监测、渗水井、检测井、引流井等辅助设施安装完成

7.3.2　验收问题记录清单

对于验收过程中发现的隐患和缺陷，应当按照表 7-3-2 进行记录，每日向业主项目部提报，并由专人负责跟踪闭环进度。

表 7-3-2　　　　　　　　　　　　　　　　　　接地极设备验收问题记录单

序号	设备名称	问题描述	发现人	发现时间	整改情况
1	电抗器、电容器	……	×××	××××年××月××日	……
2	隔离开关	……	×××	××××年××月××日	……

7.4　电抗器、电容器检查验收标准作业卡

7.4.1　验收范围说明

本验收作业卡适用于换流站接地极竣工试验验收工作，验收范围包括电抗器和电容器。

7.4.2　验收准备工作

各阶段验收工作开展前，运检人员应当提前明确验收的时间、人员、车辆机具、仪器工具、图纸资料等，并至少在验收开展的前一天完成准备工作的确认。接地极电抗器、电容器验收准备工作表见表7-4-1，验收工器具清单见表7-4-2。

表 7-4-1　　　　　　　　　　　　　　　　接地极电抗器、电容器验收准备工作表

序号	项目	工作内容	实施标准	负责人	备注
1	时间安排	验收工作开展前，应当组织业主、厂家、施工、监理、运检人员现场联合勘查，在各方均认为现场满足验收条件后方可开展	接地极一二次设备安装完成		
2	人员安排	（1）如人员、车辆充足可组织多个验收组同时开展工作。 （2）每个验收组建议至少安排验收人员1人，厂家人员1人，施工单位1人，监理1人，斗臂车专职驾驶员1人、指挥人员1人（厂家或施工单位人员）	验收前成立临时专项验收组，组织验收、施工、厂家、监理人员共同开展验收工作		
3	车辆工具安排	验收工作开展前，准备好验收所需车辆机具、仪器仪表、工器具、安全防护用品、验收记录材料、相关图纸及相关技术资料	（1）车辆机具、仪器仪表、工器具、安全防护用品应试验合格，满足本次施工的要求。 （2）验收记录材料、相关图纸及相关技术资料齐全并符合现场实际情况		
4	验收交底	根据本次作业内容和性质确定好检修人员，并组织学习本作业卡	要求所有工作人员都明确本次工作的作业内容、进度要求、作业标准及安全注意事项		

表 7-4-2 接地极电抗器、电容器验收工器具清单

序号	名称	型号	数量	备注
1	斗臂车	—	1辆	
2	安全带	—	2套	
3	车辆接地线	—	1根	
4	工具套装	—	1套	
5	绝缘电阻表	—	1台	
6	直流高压发生器	—	1台	
7	变频串联谐振试验仪器	—	1台	
8	谐振电抗器	—	1台	
9	电容式交流分压器	—	1台	

7.4.3 验收检查记录表格

接地极电抗器、电容器验收检查记录表见表 7-4-3。

表 7-4-3 接地极电抗器、电容器验收检查记录表

序号	验收项目	验收方法及标准	验收结论（√或×）	备注
1	电抗器外观检查	电抗器表面应无破损、脱落或龟裂。表面干净无脱漆锈蚀，无变形，标识正确、完整。瓷套表面无裂纹，清洁，无损伤。包封与支架间紧固带应无松动、断裂，撑条应无脱落，移位		
2		铭牌参数齐全、正确。安装在便于查看的位置上。铭牌材质应为防锈材料，无锈蚀		
3		相序标识清晰正确		
4		引线无散股、扭曲、断股现象。引线弧度合适、绝缘间距满足设计要求		
5		应对干式电抗器接头螺栓通过力矩扳手检查上紧情况，各处螺栓连接紧固无松动		
6		包封间及电抗器本体上无异物		
7		电抗器各线夹及接线板完好无开裂接头连接可靠，必要时涂上导电膏		

序号	验收项目	验收方法及标准	验收结论（√或×）	备注
8	电抗器试验	电抗器直流电阻，与同温下产品出厂值比较相应变化不应大于2%		
9		将测试温度下的绝缘电阻换算到20℃下的绝缘电阻值不应低于产品出厂试验值的70%		
10		按出厂试验电压值的80%进行交流耐压试验，1min，无击穿及闪络		
11	电容器外观检查	电容器设备无明显变形，外表无锈蚀、破损及渗漏。电容器容量应与设计要求相符。电容器本体与框架通过螺栓固定，连接紧固无松动		
12		对地绝缘的电容器外壳应和构架一起连接到规定点位上，接线应牢固可靠。构架无变形、防腐措施良好，紧固件齐全，且留有排水孔。支柱绝缘子及瓷护套的外表面及法兰封装处无破损、开裂等情况，绝缘子固定螺栓齐全，紧固。增爬伞裙无塌陷变形，表面牢固		
13		二次装置接线外观无异常，端子排接线齐整牢固		
14		接头采用专用线夹，紧固良好无松动		
15		铭牌材质应为防锈材料，无锈蚀。铭牌参数齐全、正确。安装在便于查看的位置上，电容器单元铭牌一致向外，面向巡检通道		
16	电容器试验	使用2500V绝缘电阻表，绝缘电阻不低于2000MΩ		
17		电容量与额定值偏差：带内熔丝的：−2%～+2%。无内熔丝的−5%～+5%，且与出厂值偏差在−5%～+5%		
18		按出厂试验电压值的75%进行工频耐压试验，1min，无击穿及闪络		
19		熔断器的电阻值应符合制造厂的规定，其偏差值应不超过±2.5%		
20		在一次端子上施加80%出厂试验直流电压，持续时间不应低于5min（若现场不具备直流耐压试验条件，可采用极开路试验OLT代替）		
21		介质损耗因数≤0.006（注意值）		

7.4.4 试验验收记录表格

对工作中对于重要的内容进行专项检查记录，并留档保存，接地极电容器、电抗器验收记录表见表7-4-4。

表 7-4-4　　　　　　　　　　　　　　　接地极电容器、电抗器验收记录表

设备名称	试验项目		验收人
	外观	试验	
101 电抗器			
102 电容器			

7.4.5 检查评价表格

对工作中检查出的问题进行汇总记录，并进行验收评价，留档保存，接地极设备试验验收评价表见表 7-4-5。

表 7-4-5　　　　　　　　　　　　　　　接地极设备试验验收评价表

检查人	××××	检查日期	××××年××月××日
存在问题汇总			

7.5 电流互感器及接口柜验收标准作业卡

7.5.1 验收范围说明

本验收作业卡适用于换流站接地极竣工试验验收工作，验收范围包括电流互感器和电流互感器接口柜。

7.5.2 验收准备工作

各阶段验收工作开展前，运检人员应当提前明确验收的时间、人员、车辆机具、仪器工具、图纸资料等，并至少在验收开展的前一天完成准备工作的确认。接地极电流互感器及接口柜验收准备工作表见表 7-5-1，验收工器具清单见表 7-5-2。

表 7-5-1　　　　　　　　　　　　　　　接地极电流互感器及接口柜验收准备工作表

序号	项目	工作内容	实施标准	负责人	备注
1	时间安排	验收工作开展前，应当组织业主、厂家、施工、监理、运检人员现场联合勘查，在各方均认为现场满足验收条件后方可开展	电流互感器及接口柜设备安装完成		

— 184 —

序号	项目	工作内容	实施标准	负责人	备注
2	人员安排	（1）如人员、车辆充足可组织多个验收组同时开展工作。 （2）每个验收组建议至少安排验收人员1人，厂家人员1人，施工单位1人，监理1人，斗臂车专职驾驶员1人、指挥人员1人（厂家或施工单位人员）	验收前成立临时专项验收组，组织验收、施工、厂家、监理人员共同开展验收工作		
3	车辆工具安排	验收工作开展前，准备好验收所需车辆机具、仪器仪表、工器具、安全防护用品、验收记录材料、相关图纸及相关技术资料	（1）车辆机具、仪器仪表、工器具、安全防护用品应试验合格，满足本次施工的要求。 （2）验收记录材料、相关图纸及相关技术资料齐全并符合现场实际情况		
4	验收交底	根据本次作业内容和性质确定好检修人员，并组织学习本作业卡	要求所有工作人员都明确本次工作的作业内容、进度要求、作业标准及安全注意事项		

表 7-5-2 　　　　　　　　　　　　　　　　接地极电流互感器及接口柜验收工器具清单

序号	名称	型号	数量	备注
1	斗臂车	—	1辆	
2	安全带	—	2套	
3	车辆接地线	—	1根	
4	工具套装	—	1套	
5	绝缘电阻表	—	1台	
6	直流高压发生器	—	1台	
7	变频串联谐振试验仪器	—	1台	
8	谐振电抗器	—	1台	
9	电容式交流分压器	—	1台	

7.5.3 验收检查记录表格

接地极电流互感器及接口柜验收检查记录表见表7-5-3。

表 7-5-3 接地极电流互感器及接口柜验收检查记录表

序号	验收项目	验收方法及标准	验收结论（√或×）	备注
1	电流互感器外观检查	本体及支架外涂漆层清洁、无锈蚀、漆膜完好、色彩一致，无影响设备运行的异物附着。底座、支架牢固，无倾斜变形		
2		设备出厂铭牌和运行编号应齐全、清晰可识别		
3		瓷套不存在缺损、脱釉、落砂。硅橡胶套管不存在龟裂、起泡和脱落。绝缘子垂直度符合 GB 8287.1 的要求		
4		法兰无开裂，防水胶完好，喷砂均匀		
5	电流互感器试验	参照 DL/T 278—2012 的 4.5.4 执行，电阻测量值与要求值以及上次对应位置的测量值进行比较，偏差应不大于 ±10%		
6		一次回路注入直流电流，检查极性应与端子标志相一致		
7		电流测量精度参照 DL/T 274—2012 的 11.3 执行，校验应包括测量、极控及直流保护用所有传感器和 I/O 电路板		
8		在一次侧注入额定电流的 10%、20%、50%、80%、100%，读取直流电流标准装置和被校准直流光电式电流互感器 I/O 电路板的输出，得到电流比误差，应满足误差限值要求，准确度等级应至少满足 0.2 级		
9		在一次端子上施加 80% 出厂试验直流电压，持续时间不应低于 5min（若现场不具备直流耐压试验条件，可采用极开路试验 OLT 代替）		
10		介质损耗因数 ≤0.006（注意值）		
11	电流互感器接口柜试验	二次回路绝缘：电流回路、直流电源回路、控制回路、信号回路对地绝缘电阻不小于 10MΩ，整个二次回对地不小于 1MΩ		
12		电源试验：电源各级输出电压值满足要求，5V 不大于 2.5%，12V 不大于 2.5%，24V 不大于 5%，直流电源缓慢上升时的自启动性能满足要求，直流电源分别调至 80%、100%、110% 额定电压值，检查输出正常		
13		模拟量零漂：电流量不大于 $0.01I_n$，电压量不大于 0.05V		
14		模拟量线性度：采样值与实测的误差应不大于 5%		

序号	验收项目	验收方法及标准	验收结论（√或×）	备注
15	电流互感器接口柜试验	冗余检查：逐一审查各模拟量输入回路的图纸和实际接线，检查相互冗余的保护回路是否相互独立，核查是否存在测量回路单一模块故障影响冗余保护运行的情况，检查主机和板卡电源冗余配置情况，并对主机和相关板卡、模块进行断电试验，验证电源供电可靠性。检查光电流互感器、零磁通直流电流互感器、合并单元、接口单元及二次输出回路设置能否满足保护冗余配置要求，是否完全独立。检查备用模块及备用光纤是否充足		

7.5.4 试验验收记录表格

对工作中对于重要的内容进行专项检查记录，并留档保存，接地极电流互感器及接口柜验收记录表见表 7-5-4。

表 7-5-4　　　　　　　　　　　　　接地极电流互感器及接口柜验收记录表

设备名称	试验项目			验收人
	外观	电流互感器试验	电流互感器接口柜试验	
WN-T1 电流互感器				
001 电流互感器接口柜				

7.5.5 检查评价表格

对工作中检查出的问题进行汇总记录，并进行验收评价，留档保存，接地极设备试验验收评价表见表 7-5-5。

表 7-5-5　　　　　　　　　　　　　接地极设备试验验收评价表

检查人	×××	检查日期	××××年××月××日
存在问题汇总			

7.6 馈电电缆检查验收标准作业卡

7.6.1 验收范围说明

本验收作业卡适用于换流站接地极竣工试验验收工作，验收范围包括馈电电缆。

7.6.2 验收准备工作

各阶段验收工作开展前，运检人员应当提前明确验收的时间、人员、车辆机具、仪器工具、图纸资料等，并至少在验收开展的前一天完成准备工作的确认。接地极馈电电缆验收准备工作表见表 7-6-1，验收工器具清单见表 7-6-2。

表 7-6-1　　　　　　　　　　　　　　　　　　　接地极馈电电缆验收准备工作表

√	序号	项目	工作内容	实施标准	负责人	备注
	1	时间安排	验收工作开展前，应当组织业主、厂家、施工、监理、运检人员现场联合勘查，在各方均认为现场满足验收条件后方可开展	馈电电缆设备安装完成		
	2	人员安排	（1）如人员、车辆充足可组织多个验收组同时开展工作。 （2）每个验收组建议至少安排验收人员1人，厂家人员1人，施工单位1人，监理1人，斗臂车专职驾驶员1人，指挥人员1人（厂家或施工单位人员）	验收前成立临时专项验收组，组织验收、施工、厂家、监理人员共同开展验收工作		
	3	车辆工具安排	验收工作开展前，准备好验收所需车辆机具、仪器仪表、工器具、安全防护用品、验收记录材料、相关图纸及相关技术资料	（1）车辆机具、仪器仪表、工器具、安全防护用品应试验合格，满足本次施工的要求。 （2）验收记录材料、相关图纸及相关技术资料齐全并符合现场实际情况		
	4	验收交底	根据本次作业内容和性质确定好检修人员，并组织学习本作业卡	要求所有工作人员都明确本次工作的作业内容、进度要求、作业标准及安全注意事项		

表 7-6-2　　　　　　　　　　　　　　　　　　　接地极馈电电缆验收工器具清单

√	序号	名称	型号	数量	备注
	1	斗臂车	—	1辆	
	2	安全带	—	2套	
	3	车辆接地线	—	1根	

√	序号	名称	型号	数量	备注
	4	工具套装	—	1套	
	5	绝缘电阻表	—	1台	
	6	直流高压发生器	—	1台	
	7	变频串联谐振试验仪器	—	1台	
	8	谐振电抗器	—	1台	
	9	电容式交流分压器	—	1台	

7.6.3 验收检查记录表格

接地极馈电电缆验收检查记录表见表7-6-3。

表 7-6-3 　　　　　　　　　　　　　　　　接地极馈电电缆验收检查记录表

序号	验收项目	验收方法及标准	验收结论（√或×）	备注
1	馈电电缆外观检查	电缆终端表面干净、无污秽、密封完好，电缆终端绝缘管材无开裂，套管及支撑绝缘子无损伤。电气连接点固定件无松动、无锈蚀，电缆终端头端子接引应使用双螺栓固定。电缆终端应有固定支撑。标牌及标识清晰、明确，标牌应写明起止设备名称、电缆型号、长度等信息		
2		地线连接紧固可靠。接地扁铁无锈蚀。孔洞封堵完好		
3		电缆走向与路径应与设计保持一致，电缆路径地面应设置永久标识		
4	馈电电缆试验	馈电电缆应进行 20～300Hz 交流耐压试验，试验应符合相关规程及标准		
5		对单芯电缆在金属套和外护套表面导电层之间以金属套接负极施加直流电压 10kV，1min，外护套不击穿		
6		绝缘电阻：用 500V 绝缘电阻表绝缘电阻不小于 10MΩ		
7		测试直流 1mA 动作电压 U_{1mA}：0.75U_{1mA} 泄漏电流不大于 50μA		

7.6.4 试验验收记录表格

对工作中对于重要的内容进行专项检查记录，并留档保存，接地极馈电电缆验收记录表见表7-6-4。

表 7-6-4

接地极馈电电缆验收记录表

设备名称	验收结论 （√或×）		验收人
	电缆外观	电缆试验	
馈电电缆 10002			

7.6.5 检查评价表格

对工作中检查出的问题进行汇总记录，并进行验收评价，留档保存，接地极设备试验验收评价表见表7-6-5。

表 7-6-5

接地极设备试验验收评价表

检查人	×××	检查日期	××××年××月××日
存在问题汇总			

7.7 站用变压器、开关柜、配电柜验收检查验收标准作业卡

7.7.1 验收范围说明

本验收作业卡适用于换流站接地极竣工试验验收工作，验收范围包括站用变压器、开关柜、配电柜。

7.7.2 验收准备工作

各阶段验收工作开展前，运检人员应当提前明确验收的时间、人员、车辆机具、仪器工具、图纸资料等，并至少在验收开展的前一天完成准备工作的确认。接地极站用变压器、开关柜、配电柜验收准备工作表见表7-7-1，验收工器具清单见表7-7-2。

表 7-7-1　　　　　　　　　　接地极站用变压器、开关柜、配电柜验收准备工作表

序号	项目	工作内容	实施标准	负责人	备注
1	时间安排	验收工作开展前，应当组织业主、厂家、施工、监理、运检人员现场联合勘查，在各方均认为现场满足验收条件后方可开展	站用变压器、开关柜、配电柜设备安装完成		
2	人员安排	（1）如人员、车辆充足可组织多个验收组同时开展工作。 （2）每个验收组建议至少安排验收人员 1 人，厂家人员 1 人，施工单位 1 人，监理 1 人，斗臂车专职驾驶员 1 人、指挥人员 1 人（厂家或施工单位人员）	验收前成立临时专项验收组，组织验收、施工、厂家、监理人员共同开展验收工作		
3	车辆工具安排	验收工作开展前，准备好验收所需车辆机具、仪器仪表、工器具、安全防护用品、验收记录材料、相关图纸及相关技术资料	（1）车辆机具、仪器仪表、工器具、安全防护用品应试验合格，满足本次施工的要求。 （2）验收记录材料、相关图纸及相关技术资料齐全并符合现场实际情况		
4	验收交底	根据本次作业内容和性质确定好检修人员，并组织学习本作业卡	要求所有工作人员都明确本次工作的作业内容、进度要求、作业标准及安全注意事项		

表 7-7-2　　　　　　　　　　接地极外观验收工器具清单

序号	名称	型号	数量	备注
1	斗臂车	—	1 辆	
2	安全带	—	2 套	
3	车辆接地线	—	1 根	
4	工具套装	—	1 套	
5	绝缘电阻表	—	1 台	
6	直流高压发生器	—	1 台	
7	变频串联谐振试验仪器	—	1 台	
8	谐振电抗器	—	1 台	
9	电容式交流分压器	—	1 台	

191

7.7.3 验收检查记录表格

接地极站用变压器、开关柜、配电柜验收检查记录表见表 7-7-3。

表 7-7-3 　　　　　　　　　　接地极站用变压器、开关柜、配电柜验收检查记录表

序号	验收项目	验收方法及标准	验收结论（√或×）	备注
1	站用变压器外观检查验收	表面干净无脱漆锈蚀，无变形，标识正确、完整，清晰可识别。绝缘子外观光滑无裂纹、铁芯和金属件应有防腐蚀的保护层、铁芯无多点接地，标识正确、完整，清晰可识别		
2		设备出厂铭牌齐全、参数正确。相序标识清晰正确		
3		风扇应安装牢固，运转平稳，转向正确，叶片无变形。冷却装置手动、温度控制自动投入动作校验正确、信号正确。风机外壳与带电部分保持足够的安全距离		
4		高低压出线端子排应绝缘化处理，并有悬挂接地线的措施		
5		站用变压器铁芯和金属结构零件均应可靠接地，接地装置应有防锈镀层，并附有明显的接地标志。站用变压器底座与基础应有加固措施。接地点应有两点以上与不同主地网格连接，并连接牢固、导通良好，截面符合动热稳定要求		
6	站用变压器试验验收	折算至标准温度下的绝缘电阻值不小于1000MΩ，并不低于出厂值的70%（采用2500V绝缘电阻表）		
7		站用变压器各相测得直流电阻值的相互差值应小于平均值的2%。线间测得值的相互差值应小于平均值的1%		
8		直流电阻值与同温下产品出厂实测数值比较，相应变化不应大于2%		
9		联结组标号检定应与设计要求及铭牌上的标记和外壳上的符号相符		
10		交流耐受电压为出厂试验电压值的80%，时间为60s		
11	开关柜、配电柜外观检查验收	设备铭牌齐全、清晰可识别、不易脱色。运行编号标识清晰可识别、不易脱色。相序标识清晰可识别、不易脱色。设备外观完好、无损伤，屏柜漆层应完好、清洁整齐。分、合闸位置指示清晰正确，计数器（如有）清晰正常。各开关、熔断器等电器元件应有标示，标示清晰。配电柜无异常声响		

序号	验收项目	验收方法及标准	验收结论（√或×）	备注
12	开关柜、配电柜外观检查验收	开关及元器件质量应良好，型号、规格应符合设计要求，外观应完好，且附件齐全，排列整齐，固定牢固，密封良好。各器件应能单独拆装更换而不应影响其他电器及导线束的固定。发热元件宜安装在散热良好的地方。两个发热元件之间的连线应采用耐热导线。熔断器的规格、断路器的参数应符合设计及极差配合要求。带有照明的屏柜，照明应完好		
13		分合闸时对应的指示回路指示正确，储能机构运行正常，储能状态指示正常，输出端输出电压正常，合闸过程无跳跃。电压表、电流表、电能表及功率表指示应正确，其中交流电源相间电压值应不超过420V、不低于380V，三相不平衡值应小于10V。屏前模拟线应简单清晰，便于识别。开关、动力电缆接头处等无异常温升、温差，所有元器件工作正常。手动开关挡板的设计应使开合操作对操作者不产生危险。机械、电气联锁装置动作可靠。站用变压器低压侧开关、母线分段开关等回路的操作电器，应具备遥控功能		
14	开关柜、配电柜试验验收	测量低压电器连同所连接电缆及二次回路的绝缘电阻值，不应小于1MΩ。配电装置及馈电线路的绝缘电阻值不应小于0.5MΩ		
15		过载和接地故障保护继电器通以规定的电流值，继电器应能可靠动作		

7.7.4　试验验收记录表格

对工作中对于重要的内容进行专项检查记录，并留档保存，接地极站用变压器、开关柜、配电柜验收记录表见表7-7-4。

表 7-7-4　　　　　　　　　　　接地极站用变压器、开关柜、配电柜验收记录表

设备名称	验收项目				验收人
	站用变压器外观检查验收	站用变压器试验验收	开关柜、配电柜外观检查验收	开关柜、配电柜试验验收	
1号站用变压器					
501开关柜					
……					

7.7.5　检查评价表格

对工作中检查出的问题进行汇总记录，并进行验收评价，留档保存，接地极设备试验验收评价表见表7-7-5。

表 7-7-5   接地极设备试验验收评价表

检查人	×××	检查日期	××××年××月××日
存在问题汇总			

7.8 隔离开关检查验收标准作业卡

7.8.1 验收范围说明

本验收作业卡适用于换流站接地极竣工试验验收工作，验收范围包括隔离开关。

7.8.2 验收准备工作

各阶段验收工作开展前，运检人员应当提前明确验收的时间、人员、车辆机具、仪器工具、图纸资料等，并至少在验收开展的前一天完成准备工作的确认。接地极隔离开关验收准备工作表见表 7-8-1，验收工器具清单见表 7-8-2。

表 7-8-1   接地极隔离开关验收准备工作表

√	序号	项目	工作内容	实施标准	负责人	备注
	1	时间安排	验收工作开展前，应当组织业主、厂家、施工、监理、运检人员现场联合勘查，在各方均认为现场满足验收条件后方可开展	接地极隔离开关设备安装完成		
	2	人员安排	（1）如人员、车辆充足可组织多个验收组同时开展工作。 （2）每个验收组建议至少安排验收人员 1 人，厂家人员 1 人，施工单位 1 人，监理 1 人，斗臂车专职驾驶员 1 人，指挥人员 1 人（厂家或施工单位人员）	验收前成立临时专项验收组，组织验收、施工、厂家、监理人员共同开展验收工作		
	3	车辆工具安排	验收工作开展前，准备好验收所需车辆机具、仪器仪表、工器具、安全防护用品、验收记录材料、相关图纸及相关技术资料	（1）车辆机具、仪器仪表、工器具、安全防护用品应试验合格，满足本次施工的要求。 （2）验收记录材料、相关图纸及相关技术资料齐全并符合现场实际情况		

√	序号	项目	工作内容	实施标准	负责人	备注
	4	验收交底	根据本次作业内容和性质确定好检修人员，并组织学习本作业卡	要求所有工作人员都明确本次工作的作业内容、进度要求、作业标准及安全注意事项		

表 7-8-2 　　　　　　　　　　　　　　　接地极隔离开关验收工器具清单

√	序号	名称	型号	数量	备注
	1	斗臂车	—	1辆	
	2	安全带	—	2套	
	3	车辆接地线	—	1根	
	4	工具套装	—	1套	
	5	绝缘电阻表	—	1台	

7.8.3 验收检查记录表格

接地极隔离开关验收检查记录表见表 7-8-3。

表 7-8-3 　　　　　　　　　　　　　　　接地极隔离开关验收检查记录表

序号	验收项目	验收方法及标准	验收结论（√或×）	备注
1	隔离开关外观检查验收	操动机构、传动装置及闭锁装置应安装牢固、动作灵活可靠、位置指示正确，各元件功能标识正确，引线固定牢固，设备线夹应有排水孔		
2		隔离开关、接地端子应接地可靠		
3		设备间距及分闸时触头打开角度和距离，应符合产品技术文件要求		
4		触头接触应紧密良好，接触尺寸应符合产品技术文件要求。导电接触检查可用 0.05mm×10mm 的塞尺进行检查。对于线接触应塞不进去，对于面接触其塞入深度符合以下要求：在接触表面宽度为 50mm 及以下时不应超过 4mm，在接触表面宽度为 60mm 及以上时不应超过 6mm。隔离开关分合闸限位应正确		

序号	验收项目	验收方法及标准	验收结论（√或×）	备注
5	隔离开关外观检查验收	连杆应无扭曲变形。螺栓紧固力矩应达到产品技术文件和相关标准要求。油漆应完整，设备应清洁		
6		隔离开关及构架安装应牢靠，连接部位螺栓压接牢固，满足力矩要求，平垫、弹簧垫齐全、螺栓外露长度符合要求。底座与支架、支架与主地网的连接应满足设计要求，接地应牢固可靠，紧固螺钉或螺栓的直径应不小于12mm。隔离开关构支架应有两点与主地网连接，接地引下线规格满足设计规范，连接牢固。接地引下线无锈蚀、损伤、变形。接地引下线应有专用的色标标志		
7		绝缘子清洁，无裂纹，无掉瓷。金属法兰、连接螺栓无锈蚀、无表层脱落现象。金属法兰与瓷件的胶装部位涂以性能良好的防水密封胶，胶装后露砂高度10～20mm且不得小于10mm		
8		触头表面镀银层完整，无损伤。固定接触面均匀涂抹电力复合脂，接触良好。带有引弧装置的应动作可靠，不会影响隔离开关的正常分合		
9	隔离开关试验验收	在额定、最低和最高操作电压下进行3次空载合、分试验，并测量分合闸时间，检查闭锁装置的性能和分合位置指示的正确性		
10		导电回路电阻值测量采用电流不小于100A的直流压降法，测试结果，不应大于出厂值的1.2倍。导电回路应对含接线端子的导电回路进行测量。有条件时测量触头夹紧压力		
11		整体绝缘电阻值测量，应参照制造厂规定		

7.8.4　试验验收记录表格

对工作中对于重要的内容进行专项检查记录，并留档保存，接地极隔离开关验收记录表见表7-8-4。

表 7-8-4　　　　　　　　　　　　　　接地极隔离开关验收记录表

设备名称	验收项目		验收人
	隔离开关外观检查验收	隔离开关试验验收	
6651 隔离开关			
……			

7.8.5　检查评价表格

对工作中检查出的问题进行汇总记录，并进行验收评价，留档保存，接地极设备试验验收评价表见表7-8-5。

表 7-8-5　　　　　　　　　　　　　　　　**接地极设备试验验收评价表**

检查人	×××	检查日期	××××年××月××日
存在问题汇总			

7.9　在线监测、渗水井、检测井、引流井辅助设施检查验收标准作业卡

7.9.1　验收范围说明

本验收作业卡适用于换流站接地极竣工试验验收工作，验收范围包括在线监测、渗水井、检测井、引流井辅助设施。

7.9.2　验收准备工作

各阶段验收工作开展前，运检人员应当提前明确验收的时间、人员、车辆机具、仪器工具、图纸资料等，并至少在验收开展的前一天完成准备工作的确认。接地极在线监测、渗水井、检测井、引流井辅助设施验收准备工作表见表7-9-1，验收工器具清单见表7-9-2。

表 7-9-1　　　　　　　　　　**接地极在线监测、渗水井、检测井、引流井辅助设施验收准备工作表**

序号	项目	工作内容	实施标准	负责人	备注
1	时间安排	验收工作开展前，应当组织业主、厂家、施工、监理、运检人员现场联合勘查，在各方均认为现场满足验收条件后方可开展	接地极在线监测、渗水井、检测井、引流井辅助设施备安装完成		
2	人员安排	（1）如人员、车辆充足可组织多个验收组同时开展工作。 （2）每个验收组建议至少安排验收人员1人，厂家人员1人，施工单位1人，监理1人，斗臂车专职驾驶员1人，指挥人员1人（厂家或施工单位人员）	验收前成立临时专项验收组，组织验收、施工、厂家、监理人员共同开展验收工作		

— 197 —

序号	项目	工作内容	实施标准	负责人	备注
3	车辆工具安排	验收工作开展前，准备好验收所需车辆机具、仪器仪表、工器具、安全防护用品、验收记录材料、相关图纸及相关技术资料	（1）车辆机具、仪器仪表、工器具、安全防护用品应试验合格，满足本次施工的要求。（2）验收记录材料、相关图纸及相关技术资料齐全并符合现场实际情况		
4	验收交底	根据本次作业内容和性质确定好检修人员，并组织学习本作业卡	要求所有工作人员都明确本次工作的作业内容、进度要求、作业标准及安全注意事项		

表 7-9-2 　　　　　　　　　　接地极在线监测、渗水井、检测井、引流井辅助设施验收工器具清单

序号	名称	型号	数量	备注
1	斗臂车	—	1辆	
2	安全带	—	2套	
3	车辆接地线	—	1根	
4	工具套装	—	1套	
5	绝缘电阻表	—	1台	
6	直流高压发生器	—	1台	
7	变频串联谐振试验仪器	—	1台	
8	谐振电抗器	—	1台	
9	电容式交流分压器	—	1台	

7.9.3　验收检查记录表格

接地极在线监测、渗水井、检测井、引流井辅助设施验收检查记录表见表 7-9-3。

表 7-9-3 接地极在线监测、渗水井、检测井、引流井辅助设施验收检查记录表

序号	验收项目	验收方法及标准	验收结论（√或×）	备注
1	在线监测、渗水井、检测井、引流井辅助设施验收	检查现场监测单元模块正常检查现场监测终端正常。检查远程数据传输光纤畅通。检查电子脉冲围栏电子脉冲围栏电源指示正常、四周完好，无缺损。电子脉冲围栏应能正常触发		
2		检查工业摄像头信号应正常，能实时传输，远程画面应清晰，镜头角度能正常变换。检查运行安时数显示正常。检查上位机接收红外在线测温信号正常。检查上位机接收入地电流信号正常		
3		检查渗水井、检测井、引流井周围混凝土构件有无损坏，观测孔有无堵塞现象。检查渗水井注水孔的混凝土构件有无损坏，孔内是否畅通。检查渗水井、检测井、引流井的地理标志是否并被覆盖		

7.9.4 验收记录表格

对工作中对于重要的内容进行专项检查记录，并留档保存，接地极在线监测、渗水井、检测井、引流井辅助设施验收记录表见表 7-9-4。

表 7-9-4 接地极在线监测、渗水井、检测井、引流井辅助设施验收记录表

设备名称	验收项目	验收人
	在线监测、渗水井、检测井、引流井辅助设施验收	
1 号监测井		
……		

7.9.5 检查评价表格

对工作中检查出的问题进行汇总记录，并进行验收评价，留档保存，接地极设备试验验收评价表见表 7-9-5。

表 7-9-5 接地极设备试验验收评价表

检查人	×××	检查日期	××××年××月××日
存在问题汇总